微生物肥料生产应用技术百问百答

李俊　姜昕等　著

中国农业出版社
北　京

内 容 提 要

微生物是最早存在于土壤中的生物，它主导着土壤有机质形成、养分转化、土壤净化修复、有机资源利用、作物生长与产量品质提升等过程，与农业生产密不可分。微生物肥料多功能和环境友好的特点使之成为我国农业可持续发展不可替代的绿色投入品，是国家支持发展的重要新型肥料产品。

本书从科学认识、研发生产、合理使用微生物肥料3个层面以简单明了的问答形式，通俗易懂地回答了所关注的120个问题，并摘录了重要的微生物肥料标准内容，具有较强的针对性、实用性和可操作性。

本书可供广大科技工作者、大专院校师生和微生物肥料生产与使用人员、环境治理及其相关管理人员阅读和参考。

编 委 会

主　　编：李　俊　姜　昕　黄为一　马鸣超

副 主 编：杨国平　曹凤明　关大伟　李　力

参编人员（以汉语拼音为序）：

曹凤明　陈慧君　丁姗姗　葛一凡

龚三元　关大伟　黄为一　姜　昕

康耀卫　李　俊　李　力　马鸣超

沈德龙　肖　艳　杨国平　杨小红

余劲聪　赵百锁

前言

微生物在我国农业中的重要作用日益凸显，农业中面临的许多重大难题的解决都离不开微生物的应用。近十几年的农业生产实践证明，微生物肥料在土壤生产力维系、土壤修复改良、作物提质增效、减肥增效、资源化循环利用等农业绿色发展中起到了不可或缺的作用。未来五年及更长时期，国家将继续加强农业微生物应用基础研究，大力推进微生物肥料产业发展，着力推进学科和产业的创新能力建设，加快产业化跨越式发展。因此，在国家绿色农业发展和乡村振兴计划等战略中，微生物肥料均列为绿色新型投入品和优先支持发展的生物制品，必将在新时代迎来更好的发展机遇。截至目前（2019 年 3 月底）我国已形成微生物肥料企业超过 2 300 家、产能达 3 000 万吨、登记产品 6 600 余个、产值 400 亿元的产业规模，标志着我国微生物肥料产业的形成。

本书是在我国微生物肥料产业快速发展和规模化应用的背景下，全面、准确、客观、科学地介绍了微生物肥料的相关知识及生产、应用、管理等产业关注点，以科普问答的形式，简明扼要地阐述了微生物肥料的基础知识，回答了微生物肥料生产、使用、研发和产业发展等热点问题。在本书编写过程中，我们收集和汇总了近 20 年来微生物肥料行业管理、企业调研座谈、质量检验、安全评价、标准研制、产品研发、工艺优化、效果评价、用户反馈、技术培训等环节中所关注的、带有普遍性的问题，力求做到所列出问题具有针对性和代表性。对于问题的解答，尽可能做到语言表述通俗易懂和深入浅出，专业理论与生产实践相统一，使本书具有指导性和实用性。

在本书的结构上，分为认识微生物肥料、如何生产微生物肥料、怎样才能用好微生物肥料以及附录微生物肥料重要标准摘录4个部分。前三部分涵盖了目前广受关注的120个热点问题及其解答内容。全文由李俊研究员进行统稿，黄为一教授对第二和第三部分大部分问题，在结合自身研究与产业化实践基础上进行了针对性解答，增强了本书的实践性与指导性。附录部分摘录了目前我国微生物肥料标准体系的主要内容，力求为读者提供更为便利的查阅与使用。

本书在编写过程中，得到了农业农村部种植业管理司的指导以及陈文新院士、葛诚研究员等老专家的支持，并提出了宝贵建议；各位参编者在繁忙的工作中认真收集相关资料，撰写文稿；农业农村部微生物肥料和食用菌菌种质量监督检验测试中心给予了全方位的支持；国家大豆产业技术体系和国家农产品质量安全风险评估项目专家，以及出版社诸多同志对编写工作给予了具体的指导和帮助，在此一并致谢。由于时间和编者水平所限，部分关注问题及其解答不够全面，敬请广大读者批评指正。

著　者

2019年4月

目　　录

第一部分　认识微生物肥料

1. 什么是微生物肥料？

微生物肥料是不同于化肥、有机肥的一种新型肥料。它是一类以微生物生命活动及其产物导致农作物得到特定肥料效应的微生物活体制品。也就是说，含有已知的、具有特定功能的微生物，是微生物肥料产品的本质特征。产品中的这些功能微生物含量是它不同于其他肥料的核心技术参数和关键指标。反之，如果产品中不含有已知的特定功能微生物，就不能称之为微生物肥料。

微生物肥料所起的效果与常规肥料不完全相同。微生物肥料施用后表现出的特定肥料效应比一般肥料更广泛。微生物肥料具体功效由产品中所含的微生物种类来决定。由于微生物种类很多，可依据实际需要选择不同功能的微生物菌种，生产出不同功能特点的微生物肥料产品。有的微生物产品使用后可增加作物养分的供应量，有的产品能促进作物生长，有的产品可修复和净化土壤，有的产品能促进秸秆等有机物料的分解腐熟，有的产品可以提高作物的品质，有的产品可提高植物抗病、抗旱等抗逆能力。也就是说，某一具体的产品以其中的1～2个功能为主，同时具备以上所有功能的产品几乎不可能。因此，我们应该按照目标需求，选用不同功能的微生物肥料产品，才能发挥出产品的功效与特点。

基于以上对微生物肥料的认识，在农业行业标准《微生物肥料术语》（NY/T 1113—2006）中，将微生物肥料定义为含有特定微生物活体的制品，应用于农业生产，通过其中所含微生物的生命活动，增加植物养分的供应量或促进植物生长，提高产量，改善农产品品质及农业生态环境。这一定义明确了微生物肥料的本质特征和功效范围。

还需要说明的是关于此类产品的名称问题，目前至少有 4 种以上的叫法。除了规范的通用名称“微生物肥料”（对应的英文为 microbial fertilizer）外，还有称之为“生物肥料”（biofertilizer）、“菌肥”（microbial fertilizer）和“接种剂”（microbial inoculant）。不同叫法有时通用，也因不同场合有所差异。“微生物肥料”是专业的叫法，多为专业人员使用，也在农业农村部颁布的行业标准和批准颁发的产品登记证上使用。“生物肥料”是通俗的叫法，该名词来源于前苏联和东南亚等国家，目前国务院、国家科技部、发改委、财政部等部委发布的文件中常使用。“菌肥”是一种简称，常在产品的推广应用中采用，也在口语表述中常用。“接种剂”一词主要在法国、英国等欧洲国家应用，目前在我国主要对应的是农用微生物菌剂产品。（李俊）

2. 微生物肥料经历了怎样的发展过程?

世界上最早的微生物肥料（接种剂）是 1895 年在德国出现的使用“Nitragin”商品名的根瘤菌接种剂，至今已超过 120 年的历史。总体上，微生物肥料的发展经历了初期阶段、推广应用和产业规模化 3 个阶段。

初期阶段主要是以根瘤菌的发现和小规模应用为主要特征，时间段为自 1886 年根瘤菌的发现至 20 世纪 40 年代根瘤菌接种剂的产业形成。1886—1888 年德国科学家赫尔里格尔在砂培条件下证明，豆科植物只有形成根瘤菌才能固定大气中的氮。1888 年荷兰学者贝叶林克分离了根瘤菌，这是微生物肥料研发的重大突破。并由此促进了在德国、法国、美国、英国、加拿大、意大利、澳大利亚等国家根瘤菌接种剂的产业形成。这一时期主要产品是大豆根瘤菌剂和苜蓿根瘤菌剂，剂型为试管或玻璃瓶装的琼脂剂型，也有少量的草炭、蛭石为吸附载体的粉状和颗粒状剂型。

20 世纪 50 年代到 90 年代为微生物肥料的推广应用阶段，是以根瘤菌产品类型剂型不断丰富和促生制剂研发应用为其特征，由发达国家向发展中国家推广应用。产品的剂型也由初期的试管或玻璃瓶装的琼脂剂型，发展到后来的用草炭、蛭石或其他载体吸附的粉末状、颗粒状剂型，有效根瘤菌的含量也不断提高，使用的菌株也历经多次筛选，更迭换代速度加快。一些中等发达国家如新西兰、奥地利、瑞典等以及一些发展中国家如印度、泰国、菲律宾、布隆迪等至少有 70 多个国家有自己的微生物肥料生产企业、产品技术标准和质量监督体系。所使用的微生物种类已不限于根瘤菌类群，以植物根圈促生细菌为代表的新功能菌株开始应用到生产实践中。

20 世纪 90 年代至今，微生物肥料进入产业规模全面发展的新阶段，微生物与农业可持续发展、微生物对农业生产和食品安全的不可替代作用得以重新认识。产品日益多元化，涉及农业生产的全方位应用，国际上与农业微生物研究和生产应用的技术研讨日益频繁。最有代表性的是美国微生物学会于 2012 年 12 月，召集植物与微生物互作领域方面的专家研讨，得出我们必须依靠和利用微生物来帮助养活世界的结论。

与国际相比，我国的微生物肥料研究和应用相对较晚，始于 20 世纪 50 年代初。主要的研究对象是大豆和花生根瘤菌及其接种剂，引进和选育了一批优良的花生和大豆根瘤菌菌株，并开始用于生产，在东北和华北均进行了较大面积的应用，取得了良好的应用效果。紧接着将微生物肥料的内涵拓展到解磷细菌和解钾细菌，固氮微生物的研究也拓展到自生固氮细菌，60 年代以后，根瘤菌的使用范围也不仅是花生、大豆根瘤菌，紫云英根瘤菌、豌豆、苕子、田菁根瘤菌以至于后来的牧草根瘤菌均有了较多的应用。有关联合固氮微生物的菌种选育和菌剂生产也有了一定的发展。90 年代以来，我国微生物肥料的研究、生产和应用进入了全面发展的新阶段，在功能菌种（菌株）种类、产品类型、产能规模、应用范围等方面均处于世界先进水平。（李俊）

3. 为什么国家要引导和发展微生物肥料?

我们国家引导和发展微生物肥料是基于我国农业生产的现实需求和微生物肥料的功能特点两个方面所决定的。

我国农业面临的主要问题有以下 3 个方面。一是人多地少的可耕地资源短缺，要立足自身解决 13 亿人吃饭问题和各种农产品需求，就必须使现有的耕地尽可能高产，尽可能提高土地的利用率，导致耕地复种指数高，土壤得不到应有的休养和自我修复，耕地长期只用不养已威胁到其持续的生产能力；二是近几十年的农业生产中，化肥、农药、除草剂等农业投入品的不合理使用等问题，已造成了各种有毒有害物质积累，破坏了土壤的物理结构，土壤酸化日益严重和有机质的下降，引起了土壤中的功能微生物的失衡与土壤肥力的下降，肥料利用率不高，作物病害频发，农业效益下降；三是土壤健康问题日益严重，以致从土壤中产出的农产品质量安全问题日益突出。要解决这些我国农业生产的障碍，实现农业可持续发展，正好与微生物肥料的功能相吻合，也正是微生物肥料的特点和专长。我们研发和使用的微生物产品，就是要通过产品中的功能微生物的作用，解决我国农业中存在的障碍问题。从这个角度来说，微生物肥料是实现我国农业可持续发展不可或缺的产品，我国比世界上任何国家都更需要发展微生物肥料。

事实上，微生物是地球上最早存在，也是种类最多、生理代谢功能最全、生态分布最广的一类生物。微生物在土壤和作物生长中起着多种多样的作用，但由于微生物个体小，不借助显微镜等设备用肉眼通常观察不到，忽视了这些默默无闻的微生物的贡献。微生物参与了土壤形成的全过程，没有微生物的参与就不可能形成土壤，土壤有机质、腐殖酸、团粒结构等形成与微生物密不可分。土壤中的各种功能微生物是其活性的体现，并决定土壤肥力和生产能力；同时，所形成的合理微生物区系组成实现土壤具备抗病能力的主要因素。土壤和肥料中的氮、磷、钾、钙、硫、铁等各种营养元素，均是在各种功能微生物的主导下，将它们转化为作物根系能吸收的形态。我们使用的化肥、农药、除草剂等农业投入品残留和作物生长过程中产生的有毒有害物质，都是通过微生物分解来保持土壤的健康和作物的正常生长，使作物能够持续保持较高产量，并且可以保证其质量安全。在长期进化过程中，微生物与作物形成了紧密的合作关系，就像“伙伴”一样互惠互利，提高了作物抵抗不良环境的能力。由此可见，微生物肥料对于我们国家的重要性非同一般。所以，国家在近十几年来一直在引导和发展微生物肥料。（李俊、姜昕）

4. 国家为什么将生物肥料列为生物产业的重要产品?

我国是在 2009 年将生物肥料列为生物产业的重要产品。其原因是，一是微生物种类繁多、功能多样、繁殖速度快、适用于工业化生产的特点，在目前生物产业中的应用最为广泛；二是我国农业面临粮食安全、资源短缺、生态环境恶化等挑战下，强调我国农业必须走可持续发展的道路，就必须研发和应用包括微生物肥料在内的各类生物技术产品，才能走出农业中面临的困境。因此，在国务院颁布的《促进生物产业加快发展的若干政策》（国办发〔2009〕45 号）、《生物产业发展规划》（国发〔2012〕65 号）和随后的中央一号文件中多次提出，大力发展生物肥料、生物农药等绿色农用生物制品，保护和改善生态环境，促进高效绿色农业的发展。这是在国家层面，强调了生物肥料列为生物产业的重要产品，这也凸显了其在我国农业中的地位和不可替代性。

针对生物肥料研发与产业化方向，提出加快突破保水抗旱、荒漠化修复、磷钾活化、抗病促生、生物固氮、秸秆快速腐熟、残留除草剂降解及土壤调理等生物肥料的规模化和标准化生产技术瓶颈，提升产业化水平。同时，通过“农用生物制品发展行动计划”，建立生物肥料资源信息库、产品研发共享平台和产品孵化基地，完善产业支撑体系；支持企业与优势科教单位建立长期稳定的合作关系，掌握核心技术，发展具有核心竞争力的产品，培育并形成具有较强国际竞争力的龙头企业；突破生物肥料生产关键技术、新工艺和装备，加快新型生物肥料等重要农用生物制品的产业化；研究完善现代农用生物制品企业扶持机制和产品生产应用补贴制度，健全适用于农用生物制品产业发展的法律法规，完善国家生物肥料的审批制度，保证国家生物安全。

与此同时，国家发改委启动了《绿色农用生物产品高技术产业化专项》（发改办高技［2009］536号），已有10家以上的生物肥料企业得到支持。财政部与农业部于2006年开始实施的《国家土壤有机质提升试点补贴项目》中，政府采购腐熟菌剂和根瘤菌剂提供农民使用，促进了这两类产品的研发与生产。随着国家鼓励政策的出台，以及产业化项目的支持，必将促进一批有实力的企业做大做强，对行业的发展起到带动、示范作用。国家科技部等也设立了各类专项，支持生物肥料的研发和应用。这些都是国家支持发展生物肥料的具体体现，更是我国微生物肥料发展的良好机遇。（李俊、马鸣超）

5. 为什么说微生物肥料是农业可持续发展的必然选择?

“可持续发展”是20世纪80年代提出的一个新概念，是人类对发展认识深化的重要标志。1987年世界环境与发展委员会在《我们共同的未来》报告中，首次阐述了“可持续发展”的概念。报告提出的“可持续发展”，就是要在“不损害未来一代需求的前提下，满足当前一代人的需求”。换句话说，可持续发展就是指经济、社会、资源和环境保护协调发展，既要达到发展经济的目的，又要保护好人类赖以生存的大气、淡水、海洋、土地和森林等自然资源和环境，使子孙后代能够永续发展和安居乐业。可持续发展的核心是发展，但要求在保持资源和环境永续利用的前提下实现经济和社会的发展。

在我国农业生产中，大量使用化肥、农药、地膜、除草剂等农业投入品带来作物增产的同时，也带来了许多障碍农业可持续发展的严重问题，更是我们必须面对和尽快解决的问题。滥用化肥农药，污染土地和水源，同时也可能造成农产品的污染。大水漫灌造成土地的盐碱化，不合理的利用土地，使得耕地面积减少，农田土壤退化，有机污染累积严重，土地质量下降。这些问题与农业可持续发展背道而驰。这样下去，不要说下一代的利益，就连我们这一代的利益都很难保障。自然环境是人们赖以生存的环境，如果我们不好好保护现在的生态环境，人类的发展道路必将越来越窄。因此，走可持续发展的道路，是我国发展现代农业的必由之路。

微生物肥料的功能与特点表现在，它具有培肥地力，提高化肥利用率，抑制农作物对硝态氮、重金属、农药的吸收，净化和修复土壤，降低农作物病害发生，促进农作物秸秆腐解利用，节本增效，保护环境，以及提高农作物产品品质和食品安全等多方面的独特作用。微生物肥料的这些功能特点与解决我国农业可持续发展中的障碍问题正好吻合，因此它就成为解决我国农业可持续发展不可或缺的物质保障，并在农业生产中得到了越来越广泛的应用。（李俊、马鸣超）

6. 国家有哪些支持发展微生物肥料产业的政策与措施?

正因为微生物肥料在我国农业中具有其独特的作用和不可替代的地位，国家认识到离开微生物肥料的应用，就不可能解决目前我国农业面临的迫切现实问题，更无法实现农业的可持续发展。因此，在近十年，国家一直在引导和推进微生物肥料产业的发展，出台了一系列的产业政策与措施。以下列文件最为重要和直接，在这些文件中将微生物肥料定位为生物产业、高新技术产业和战略性新兴产业，并明确为这些战略产业中的重要产品。

一是国务院2009年颁布的《促进生物产业加快发展的若干政策》（国办发〔2009〕45号），全文分为10个部分33条。该文件明确加快将包括生物肥料在内的生物产业培育成为高技术领域的支柱产业和国家的战略性新兴产业，生物肥料是绿色农用生物制品的重要产品，从财税政策、融资渠道、市场环境、生物安全、人才建设、创新平台等方面进行支持和发展。

二是国务院2010年颁布的《关于加快培育和发展战略性新兴产业的决定》（国发〔2010〕32号），以及2012年12月国务院发布的《生物产业发展规划的通知》（国发〔2012〕65号），将微生物肥料列为生物产业的主要产品之一，并提出"建设现代生物产业体系和生物安全保障体系，加快推进生物产业高端化、规模化、国际化发展，为国民经济和社会可持续发展作出更大贡献"的总目标。

三是2015年以后的中央一号文件中均提出大力推广生物肥，按规定享受相关财税政策的内容。事实上，生物肥料（含微生物菌剂）在中央一号文件中多处提及，包括农村环保方面，农村水治理、土壤修复等领域的应用。这将进一步推动我国生物肥的应用，更将有力推进生物肥料产业的快速健康发展。2015年农业部制定了《到2020年化肥使用量零增长行动方案》，明确"有机肥替代化肥"的技术路径，力争实现农药化肥的零增长，明确生物肥料是实现该行动的重要替代产品，其作用也越来越凸显，对保障国家粮食安全、农产品质量安全和农业生态安全具有十分重要的意义。

在一系列支持微生物肥料产业发展的政策中还包括：国家发改委发布的《当前优先发展的高技术产业化重点领域指南（2011年度）》，以及财政部和国家税务总局2014年发布的《关于简并增值税征收率政策的通知》(财税〔2014〕57号)和国家税务总局第36号公告等，生物有机肥产品自2008年起免增值税，其他微生物肥料产品按照生物制品征收3%增值税。下一步国家将会继续出台相关的政策与措施，推动我国微生物肥料产业的发展。(李俊、姜昕)

7. 提出“微生物养活世界”对微生物肥料产业有何意义?

美国微生物学会2012年12月召集了26个在植物与微生物互作领域方面的权威专家就“微生物养活世界”的主题进行了专题研讨。专家探讨了微生物和植物间多方面的相互影响，以及利用这些相互影响更环保更经济地促进农业生产效率的良好前景。提出“微生物养活世界”这一新命题具有以下意义：

一是微生物与植物关系紧密，贯穿于它们的每一个生命进程。微生物通过给植物提供可利用的养分来促进植物根际的生长、降解土壤中的有毒成分，增强植物抵御病害、高温、洪涝和干旱能力，可在生产中通过组合优化植物—微生物群落结构作为提高作物产量的新技术途径。

二是微生物对植物各方面生物学特性的影响广泛而多样。在植物生长的某一阶段，微生物活性对于增强植物生物学特性都有自身的特点与作用，尤其是在植物处于营养缺乏或环境胁迫的条件下，微生物通过以下描述的一种或多种机制对植物的存活起到关键性作用。众所周知，固氮微生物是唯一能够把气态氮转换成能被植物利用的有机氮和氨的一类生物，在工业固氮出现之前，植物完全是通过这些微生物获得可利用的氮源。对于植物来说，它只能吸收利用无机磷。而真菌和细菌都能帮助植物获得充足的磷，细菌能够产生结合磷的有机酸，进而植物通过胞外的磷酸酶将有机磷酸化合物中的磷释放利用，从而提高植物本身对磷的利用率。菌根菌的菌丝能够到达植物根系所不能到达的区域获取磷元素并将其转运供给植物利用；实际上，在贫瘠的土壤中与灌木菌根菌共生的木薯的生长量是未共生木薯生长量的10～20倍。硫、钾、铁等和其他的营养物质，也可以通过细菌或真菌转化为植物可利用的形式或运送到植物体内。因此，合理的土壤微生物群落可以让农民减少化肥的使用，这样不仅减少投入，而且可以减少大量多余的养分从土壤渗入到水体系统中。对我国现阶段提出的“减肥增效”和“化肥零增长行动”具有现实意义。

三是通过综合分析与预测，提出了在全球范围内未来20年实现增产20%、减少肥料和杀虫剂20%使用量的战略目标。增加作物产量，同时减少生产投入是目前最需要开展的课题。与会专家一致认为，所有环境中的所有植物都离不开微生物，且都受益于它们最优的微生物伙伴；现在正是利用微生物世界的多样性功能，帮助解决人类面临难题的时候了；增加20%的产量，同时减少化学投入的这个目标，采取综合配套措施，发挥功能微生物作用是可以实现的，且对消费者、农民和环境均十分受益。可见，新的微生物肥料时代正在朝我们走来！（李俊、马鸣超）

8. 微生物肥料属于新型肥料的一类吗？

微生物肥料是新型肥料的一个重要类型，这是由其特点和功效特征决定的。

所说的“新型肥料”，是针对传统肥料而言，它克服或弥补了传统肥料的不足，具有更高的肥效，更好的经济效益、环境效益和社会效益。目前，世界各国对新型肥料没有形成统一的定义，内涵上有差异，种类也不少。

自20世纪中期以来，由于世界人口的增长率远高于耕地的增长率，在这有限的耕地面积内，施用化肥是增加作物单产和解决吃饭问题的主要手段。可以说，20世纪世界作物产量的增加，有50%来自化肥的施用。但化肥的过量施用，尤其是我国近30年来用量越来越多，超过世界平均水平的3倍多，形成了对化肥的盲目依赖，化肥利用率越来越低，施肥带来的增产效益越来越低，甚至出现减产的副作用。同时，不仅造成了资源的浪费，还破坏了土壤，污染了环境。因此，减少化肥的用量，调整肥料结构，发展新型肥料势在必行。

微生物肥料作为非常重要的一类新型肥料，是由它的特点和功效特征所决定。我国近30年来农业生产中过量化肥的施用，造成了“土壤—微生物—作物”生态系统的失衡和破坏。表现在与氮肥、磷肥、钾肥等营养元素有效形态转化的微生物受到大量化肥施用的抑制，降低了作物吸收养分量，这是导致化肥利用率下降的主要原因。而研发应用含有功能微生物的产品，即生物肥料，也就成为我国农业可持续发展所必须，理所当然成为了新型肥料的一大类。国家近15年一直大力推动微生物肥料产业的发展也就不足为奇了。据中国农资相关部门统计，截至2017年底，中国各类新型肥料企业共计达2 500家，其中多数为中小企业；当年新型肥料总产值为700余亿元，新型肥料销售额仅占我国肥料总销售额的7%左右；在新型肥料总产能约2 000万吨中，微生物肥料达1 500万吨，约占新型肥料总产能的75%，可见我国的微生物肥料已成为新型肥料中年产量最大、应用面积最广的品种。（李俊）

9. 微生物肥料产品有哪些种类?

目前我国的微生物肥料产品分为：农用微生物菌剂、生物有机肥和复合微生物肥料三大类，其对应标准分别为《农用微生物菌剂》（GB 20287—2006）、《生物有机肥》（NY 884—2012）和《复合微生物肥料》（NY/T 798—2015）。其中，农用微生物菌剂（简称菌剂、接种剂），又通称功能菌剂，按内涵的微生物种类或功能特性细分为根瘤菌菌剂、固氮菌菌剂、解磷微生物菌剂、硅酸盐微生物菌剂、光合细菌菌剂、有机物料腐熟剂、微生物浓缩制剂、促生菌剂、菌根菌剂、生物修复菌剂（土壤修复菌剂）等种类。在产品的剂型上分为固体（含粉剂剂型、颗粒剂型）和液体类型。截至

2019年2月共批准颁发微生物肥料产品登记证6 053个，菌剂、生物有机肥、复合微生物肥料产品的比例分别约占50%、30%、20%；年产量以生物有机肥最高（约占45%）。

随着菌种种类的不断拓宽，一些新的菌种和新功能产品得以研发与应用，如类似于“土壤修复菌剂”、“功能微生物种衣制剂”、“抗旱菌剂”等产品正在研发，并将推进这些新产品的标准研制，尽早实现产品的登记。（李俊、姜昕）

10. 微生物肥料的功能有哪些？

微生物肥料的功能是多方面的。主要功能是向植物提供营养。首先是提供有效氮、磷、钾等主体营养。同时也使土壤中的中量元素和微量元素作为植物营养的有效性大为提高。微生物在降解土壤有机物时，产生的许多小分子含碳有机物，有的可供植物直接吸收，有的形成了植物激素，有的形成抗性物质，对提高作物品质、抗性、产量都有好处。除了肥料的主体功能外，微生物肥料还可保持土壤中的水分，防止土壤已有肥料的流失。微生物肥料中微生物的代谢活动可以散发出一定量的生物热，可以增加地温，由于微生物的活动，可使土壤空松，增加土壤孔隙度，防止土壤板结。微生物肥料还有一定的环保功能，它可减少农业废弃物，如畜禽粪便、秸秆造成的环境污染，将它们转化为有用的农业资源；它可以降解农药残留，可以消除上一茬过量除草剂的残留，减少不同种植品种间的影响。还有一些微生物菌剂，可以吸附土壤中的部分重金属，减少可食作物中的重金属残留。长期使用微生物肥料，可以减轻病虫草害，减少农药施用量，逐步提高无残留农作物在农产品中的比例，从而增加农民收入，提高消费者健康水平。长期使用微生物肥料，还可提高土壤腐殖质，使得土壤越用越好，防止土壤退化，实现养地的功能。

在《微生物肥料生产菌株质量评价通用技术要求》（NY/T 1847—2010）行业标准中，将微生物肥料作用机理通过菌株质量评价方式归纳为 6 个方面，其具体功能表述为：提供或活化养分功能、产生促进作物生长活性物质能力、促进有机物料腐熟功能、改善农产品品质功能、增强作物抗逆性功能、改良和修复土壤功能。该标准是我们对微生物肥料产品包装标识、技术培训和广告宣传的依据。同时，按照《微生物肥料田间试验技术规程及肥效评价指南》（NY/T 1536—2007）的规定，进行田间试验的方案设计、试验实施、数据分析、效果评价和试验报告撰写，实现对微生物肥料功能效果的科学客观评价。

微生物肥料有这么多功能，若要使这些功能充分得到发挥是需要一些条件的。主要条件就是水、温度和有机物。在干旱的沙漠地带很难发挥微生物肥料的功能，在严寒的冻土地区，周年都在 0℃左右的土壤中很难发挥微生物肥料的功能。如果土壤中缺少有机质，微生物无法获得生长所需的能源和微生物繁殖所需的有机元素，就无法进行新陈代谢活动，微生物也发挥不了其在农业生产和环境物质转化中的有效功能。（黄为一，李俊）

11. 功能微生物菌剂产品特点是什么？

功能微生物菌剂产品特点主要有固氮、解磷、解钾以及腐解秸秆、腐熟畜禽粪便、改善土壤环境等功能。固氮微生物能在缺少氮肥的环境中，将空气中的氮气固定为植物需要的氮肥。空气中的氮元素由两个氮原子手拉手形成氮气，它们犹如惰性气体一样，植物不能吸收利用，必须由固氮微生物打破两个氮原子之间手拉手的化学键，并合成含氨的化合物或氧化为硝基化合物才能被植物吸收利用。直接利用植物分泌的营养物如糖类或利用动植物残骸分解后产生的营养物，以及利用光能固氮的微生物叫自身固氮微生物，它们与植物不形成共生的具有固氮作用的组织，它们的固氮效率比根瘤菌低，应用于非豆科作物，在大量秸秆还田的田间可发挥其改土与节氮的效果。与植物形成根瘤或茎瘤的，直接利用植物光合作用形成的 ATP 等能源来合成氮化物的叫根瘤菌或茎瘤菌，统称为共生固氮菌。它们的固氮能力远比自生固氮菌高。

解磷细菌能将土壤中难以被植物吸收的磷素营养，转化成植物易于吸收的磷素营养供植物直接吸收。土壤中存在的磷多处于作物难以吸收的状态，有的是无机态，有的是有机态，它们虽为磷肥，但施于土壤中大部分会被固定。磷肥有效利用率仅在15%～25%之间，70%左右的磷素不能被植物利用。如果施用了微生物菌剂中的解磷细菌就能利用不溶解的磷。解磷细菌一般还有降解有机磷的作用，减少含磷农药的农药残留毒性，并有促进微量元素吸收的功能，能大大提高磷肥的有效性和植物对微量元素的需求。

解钾细菌能将土壤中的不溶性钾素溶解并供植物吸收，并且会将施入土壤中一时用不完的钾吸收，避免可溶性钾肥遇到大雨冲刷或大水浸灌时流失，大大提高了钾肥的利用率。它的溶钾、保钾及保肥功能非常可贵。有的钾细菌除了解钾和保钾功能外，还能分泌一定的植物激素和小分子营养物质，促进生长，保花保果，提高作物品质。施用微生物钾肥的蔬菜、水果的口感都大为提高。有的钾细菌还具有一定的自生固氮功能。

微生物菌剂一般都有降解动植物残骸和畜禽粪便的功能。在此过程中，不会产生大量的有害病原微生物，腐熟菌剂就属于此类微生物。它们都不含病原微生物，它们的大量繁殖除了争夺营养会抑制病原微生物的生长外，有一些菌如枯草芽孢杆菌还会分泌枯草芽孢杆菌肽来抑制病原菌。腐熟菌剂通过降解纤维素、木质素以及蛋白质类物质，腐熟秸秆和畜禽粪便，增加植物营养。腐熟的木质素又是腐殖质合成的前体，施用腐熟菌剂还能提高土壤的腐殖质，达到保肥、改土的目的。腐熟菌剂对农业废弃物的降解是农村环保的重要措施，受到越来越大的重视。（黄为一）

12. 有机物料腐熟菌剂是如何加速秸秆等物料腐解的?

有机物料腐熟菌是不致病的微生物，含有一种或多种能降解纤维素、木质素、蛋白质等大分子的酶类。在适合的温度和湿度下，附着于秸秆表面的腐熟菌，分泌纤维素酶，将纤维素分解成小分子的葡萄糖，并吸收这些糖类进入菌体细胞成为进一步繁殖所需要的能量和组成新菌体的物质。腐熟菌分泌的木质素酶分解木质素，土壤中的微生物利用木质素分解产生的小分子物质合成腐殖酸是一个比较复杂的过程，腐殖酸增加土壤保肥保水能力，还有一定刺激植物生长的作用，这个多步反应过程目前还不十分清楚。这些腐熟菌遇到蛋白质就分泌蛋白质酶，将蛋白质分解为小分子的氨基酸。这些氨基酸有相当一部分直接被植物吸收。在微生物菌体分泌不同酶分解秸秆中的大分子物质形成葡萄糖、氨基酸等小分子物质时，还会产生许多含碳的中间产物，小分子量的可以被植物直接吸收。这些能被吸收的含碳物质常被俗称为“碳肥”。在日照不够、光合作用很低的地区，它们就显示抗低日照的生理功效，可以使作物黄化现象降低。这些中间产物还可吸附一部分重金属，使农作物所带的重金属含量有所下降。不添加腐熟菌剂，让畜禽粪便、秸秆等农业废弃物自然堆置、沤制，这个过程臭气熏天，需时长久，一般要半年以上，还有被病原菌污染的风险。使用腐熟菌剂一定要同时使用有机肥或尚未腐熟的有机秸秆或畜禽粪便，腐熟菌剂才有工作对象。缺少秸秆等有机物质的砂质土壤、板结土壤，单独使用腐熟菌剂而不同时配施有机废弃物效果是不明显的。如果在治沙地区配合秸秆和腐熟菌剂，同时抓住降雨季节或灌水措施治沙，效果可以倍增，种植的抗风沙植物成活率大为提高。腐熟菌剂在降解秸秆等有机物料时，由于微生物作用产生的生物能可提高地温，在早春和深秋延长种植期也有一定的意义。（黄为一）

13. 生物有机肥的产品特点是什么？

生物有机肥的特点是既有传统有机肥的功能，还含有大量的有益生物菌剂，它既有传统有机肥的特征，又有生物肥的特点。它克服了有机肥的缺点，又补充了生物肥单独使用时营养不够的缺陷。同时使用有机肥和生物肥是一项互补的农艺措施。

传统有机肥一般指农家肥。原料多为农家搜集的土杂肥、畜禽粪便、河泥等经自然堆沤一段时间后施用于农田。传统有机肥不用菌种，自然发酵，发酵微生物就是自然环境中的各种微生物都有，特别是在病害多的地区，环境中的病原微生物也跟着繁殖，对农作物甚至人的健康都会造成一定影响。生物有机肥是在一定的封闭环境中，应用非病原的有益微生物进行好氧发酵。发酵过程达到 60℃以上，杀死了病原微生物、杂草种子、害虫的虫卵，从而腐熟的有机肥，没有任何影响农业生产的消极因素存在。有的企业为提高生物菌肥的针对性，还向腐熟的有机肥中再添加纯净的、有针对性的有益微生物，或是经二次发酵增加有益微生物的含量，提高微生物菌剂的增效作用。大量使用传统农家肥的农民朋友有个经验，就是传统有机肥使用越多，病虫草害越多，农药、除草剂使用越多，从而增加了成本。而农产品由于农药残留多，达不到有机农产品标准而卖不上价钱。连续几季使用生物有机肥之后，田间病虫草害会显著减少，农药施用也相对减少。传统有机肥为了提高腐熟度，延长腐熟时间，由于有机质进入厌氧发酵，产生大量臭气，影响了生活环境和劳动者的工作条件，臭气挥发又会损失有机肥的肥力。如果缩短发酵时间，又担心腐熟度不够，会增加病虫草害，影响植物的营养吸收，甚至时有烧根、烧苗现象发生。而生物有机肥都可以解决这些传统有机肥的缺陷。生物有机肥由于没有臭气，又没有病虫草害的优点，越来越受到农民的欢迎。生物有机肥相对于单纯的生物肥或以无机质为载体的生物菌剂效果更好。无机质为载体的生物菌剂由于缺乏有机营养物质，其中的菌剂只会随着时间的延长以及无机载体渗透压的改变，活菌含量下降。作为载体的有机肥的存在，会对生物菌剂产生倍增效应。生物有机肥同时具有生物肥和有机肥的优点，是比传统农家肥更好的肥料。（黄为一）

14. 复合微生物肥料的产品特点是什么？

复合微生物肥料是指含有一种或一种以上微生物与营养物质复合，提供、保持或改善植物营养，能提高农产品产量或改善农产品品质的活体微生物制品。复合微生物肥料是微生物肥料三类品种之一，已形成较大生产规模，截至 2019 年 3 月底，复合微生物肥料生产企业超过 800 家、登记产品 1 600 余个、产能 700 万吨以上。复合微生物肥料的产品特点是将无机营养元素、有机质、微生物通过工艺技术有机结合于一体，已在农业生产中表现出节本增效等多重功效。具体体现为提高化肥利用率、降低化肥使用量和减少化肥过量使用导致环境污染，并能提高农作物品质和产量。可见，此类产品在化肥减量施用和国家“化肥零增长行动”或“化肥负增长行动”中具有重要地位，未来应用前景广阔。

该产品目前执行的农业行业标准是《复合微生物肥料》（NY/T 798—2015），与旧版（2004 年）的标准相比，新版（2015 年）修改了产品中的总养分质量分数、pH 范围等要求，增加了有机质、总养分中各单养分的限量等指标要求。标准的修订与实施，将进一步引导和推动此类产品的发展，提高养分利用效率，提升农产品质量安全，带动微生物肥料行业的整体健康、快速发展。（李俊、姜昕）

15. 微生物肥料产品发展方向是什么？

《生物产业发展规划》（国发〔2012〕65 号）将微生物肥料纳入到“农用生物制品发展行动计划”之中，明确加快突破“保水抗旱、荒漠化修复、磷钾活化、抗病促生、生物固氮、秸秆快速腐熟、残留除草剂降解及土壤调理”等生物肥料的规模化和标准化生产技术瓶颈，提升产业化水平。2011 年 10 月发改委等五部委联合发布《当前优先发展的高技术产业化重点领域指南》，列出了新型高效生物肥料 14 项重点技术及相关产品。从以上国家生物产业规划和高技术产业指南中，明确了下一步生物肥料产品研发应用的方向，即是在目前的养分活化（固氮、解磷钾等）和有机物料腐熟的基础上，提出了土壤保水抗旱、连作障碍防治、残留除草剂降解等备受关注的技术与产品研发。

在产品技术研发的层面上，需要突破微生物和生物功能物质筛选与评价、高密度高含量发酵与智能控制、新材料配套增效等关键技术，创制和推广一批高效固氮解磷、促生增效、新型复合和专用的绿色生物肥料新产品。尤其是应加快研发污染土壤的植物—微生物联合修复技术、重金属污染土地的生物固化与生物修复技术，以及土壤农用化学品残留组分的生物消减（消除）技术，创制土壤生物修复新产品，集成配套技术体系，建立土壤联合修复的技术模式，逐步消除土壤污染物，改良和修复土壤。（李俊）

16. 微生物肥料行业未来 5 年发展的新技术和新产品有哪些？

依据国务院印发的《生物产业发展规划》、农业农村部印发的《农业绿色发展技术导则（2018—2030 年）》等一系列文件对微生物肥料产业提出的要求，结合微生物肥料多功能、高效、绿色、经济等特点和新一代微生物肥料所具备的主动响应、系统调控、功能多样、环境友好等智能型肥料特征，充分发挥微生物肥料在土壤修复改良、作物提质增效、减肥增效等方面不可替代的作用，以满足国家农业绿色发展的需要。为此，我们提出未来 5～10 年，我国微生物肥料产业优先研发的 7 项新技术分别是：微生物肥料优良生产菌株筛选及发酵工艺技术、微生物农田土壤净化修复技术、共生固氮微生物应用新技术、微生物种子包衣技术、有机资源综合利用微生物转化新技术、作物秸秆快速腐解还田微生物及其配套技术、新型复合配套技术。

未来5～10年重点研发应用产品分别为：土壤修复菌剂、固氮及根瘤菌剂、溶磷菌剂、微生物种子包衣制剂、有机物料腐熟菌剂、生物有机肥、复合微生物肥料等。这些新产品的特点及应具备的特征如下：

（1）土壤修复菌剂：对蔬菜、果树、草药、烟草等重茬土壤、酸性土壤、盐碱土壤和次生盐渍化土壤的有效修复，以及对土壤中的农药残留、土壤中的除草剂残留等高效降解。该产品对修复土壤和维护土壤健康，及在保证农产品安全中不可缺少。

（2）固氮及根瘤菌剂：应具备与作物亲和性强、固氮高效、环境适应广、竞争性或定殖能力强的特征。主要的根瘤菌菌剂包括大豆根瘤菌剂、花生根瘤菌剂、紫云英根瘤菌剂、苜蓿根瘤菌剂。该产品在化学氮肥减施，实现豆科与禾本科粮食作物轮作效应，以及农业种植结构调整中均有非凡意义。

（3）高效溶磷菌剂：对土壤中的难溶性磷具有持续、高效的活化作用。优先研发真菌溶磷制剂，对活化土壤磷素养分，提高磷肥利用效率，改善土壤养分均衡供应等效果彰显，经济生态效益巨大。

（4）微生物种子包衣制剂：将功能微生物包裹在作物种子表面，发挥促生作用，构建优良根系微生物的独特功效；将扩大微生物肥料产品的使用范围；当前主要是研发应用新一代的根瘤菌大豆种衣制剂。该产品潜在市场大，对减肥减药效果不可估量。

（5）特色有机物料腐熟菌剂（也称发酵菌剂）：研发适用于不同作物秸秆、不同气候条件、不同栽培耕作模式的专用型快速腐熟菌剂。该产品为秸秆畜禽粪便等有机资源利用所急需。

（6）新型的复合微生物肥料：应具备对养分高效持续活化、或有效拮抗病源微生物、或提升农产品品质的复合微生物肥料；优先研发微生物与腐殖酸等复合微生物肥料，拓展在减肥增效、水肥一体化及设施农业中的应用。

（7）新型生物有机肥及其他新功能产品：突出生物有机肥的基

础性功能，扩大在国家生态示范区、绿色和有机农产品基地的应用。研发生物硅肥，以及在西北等干旱区域前景广阔的抗旱菌剂等新功能产品。（李俊、姜昕、马鸣超）

17. 微生物肥料与化肥之间是什么关系？

微生物肥料与化肥之间是互补关系。用了微生物肥料可以提高化肥利用率，可以少用化肥，克服了单用化肥会使土壤板结，漏水、漏肥的缺点。在只追求产出，不追求产品质量的大宗农产品（比如玉米、小麦）种植地块，生物有机肥一般不宜完全代替化肥。如果仅用微生物肥或有机肥完全代替化肥，既追求产品品质，又追求产量，将使投入成本相对增高。对不追求农产品品质，只追求产量的一般大宗农产品来说，全部用成本相对较高的生物有机肥代替成本较低的化肥，成本显得较高。这种仅用化肥，既追求产量，又希望土壤持续丰收的操作，只能在富含大量有机质的土壤中短期内有效。东北黑土长期只用化肥，同时焚烧秸秆，导致黑土也会沙化就是明显的例子。如果考虑农田的持续发展，一般农产品使用的肥料最好是化肥、生物肥、有机肥混合使用。将微生物肥或生物有机肥用于有特殊经济效益的农产品种植，如果树、蔬菜、茶叶、中药材，是一个针对性强，经济效益好的农艺措施。既提高了产量，又保证了风味品质和有效成分。

微生物肥料的使用能够实现化肥减量使用。化肥的当季实际利用率仅为30%～35%左右，大部分没能被植物吸收，留在土壤里或者冲入水域中的化肥污染了环境。大宗农产品以生物有机肥为基肥，需要追肥时使用化肥，这种化肥配施生物有机肥的措施，能使化肥的利用率大为提高，一般能提高至70%左右。有固氮能力的菌株在贫氮的土壤或水域中还能有效地将大气中的氮气固定为氮肥，大大减少化肥的用量。生物有机肥的使用还能大幅度提高农产品质量。微生物肥的使用是实现化肥减量科学而有效的措施。（黄为一）

18. 微生物肥料与植物生物刺激素产品之间有何关系?

植物生物刺激素是近几年出现的新名词，它是指应用于植物或根区，能刺激植物增加营养吸收、提高营养效率、提高抗性或作物品质的一类制剂或微生物产品。可见，微生物肥料中具有促生功效的菌剂产品是植物生物刺激素的不可或缺的重要产品。也就是说，具有刺激植物生长发育、提高抗性或作物品质功效的微生物菌剂，均可归到植物生物刺激素的范畴之中。这类微生物制剂包括了微生物及其生命活动产生的特定功能，即通过微生物生命活动，产生相应的活性物质，刺激植物生长发育、或提高品质、或提高植物的抗逆性。

在微生物肥料三大类产品中，以促生作用为主的农用微生物菌剂产品，符合生物刺激素的内涵。可见，植物生物刺激素在产品品种上与微生物肥料存在交叉，如促生菌剂（PGPR 菌剂）、固氮菌剂、溶磷菌剂、菌根菌制剂、木霉菌制剂等。但我国的微生物肥料产品还包括生物有机肥和复合微生物肥料两个大类，所涉及的产品范畴要更为宽广。鉴于植物生物刺激素概念提出的时间短，国际上也没有对包括微生物制剂在内的生物刺激素产品如何实现市场准入作出具体规定。在我国未列出生物刺激素专项门类的市场准入之前，可以农用微生物菌剂申报登记，产品相应的刺激功能等可在标签和说明书中标注。（李俊、马鸣超）

19. 为何说固氮菌剂和根瘤菌产品在化肥减施增效中具有重要地位?

植物生长需要大量的氮素营养，但植物不能直接利用大气中大量存在的氮气（占空气比例的 78%）。只有那些能合成固氮酶的细菌和古菌，可以将它还原成氨后加以利用，这些菌统称固氮微生物，包含在200多个属中。采用固氮微生物作为菌种生产的产品称之为固氮菌剂。这类微生物通过生物固氮，将空气中的氮气还原为氨，供植物利用。生物固氮是在常温常压下进行，无需消耗矿质能源。在工业化生产氮肥之前，生物固氮是自然生态环境中氮素营养的主要来源。直到今天，地球上生物固氮量仍然是工业氮肥总量的两倍，而其中由根瘤菌与豆科植物共生体固定的氮占生物固氮总量的80%，为最强大的固氮体系。根瘤菌的分泌物还能溶解铁、磷、钙、镁等矿质元素，并能分泌生长激素刺激植物生长。

根瘤菌与豆科植物共生互作形成根瘤，在这个过程中根瘤菌从宿主获得碳源和能源，将大气中的氮气转化为植物氮素养分，两者互惠共生。据研究，豆科植物会自身调控根瘤的数量和固定的氮量，不会无谓消耗本身的能量。采用适当的高效根瘤菌接种，可以满足宿主植物全部氮素需求量。中国古代文献《齐民要术》就记载了豆科作物可以肥田，并采用客土法为豆科作物接种根瘤菌。自19世纪末欧洲科学家们发现根瘤菌固氮之后，很快一些国家就采用了根瘤菌接种豆科作物的生产技术。目前，此技术在澳大利亚农、牧业中用得最好。早在1990年澳大利亚全国由豆科作物固定的氮肥量就已达到工业氮肥的3倍。巴西、阿根廷20世纪60年代以来大规模扩种大豆，均不施氮肥，只用根瘤菌剂接种并辅以适量的磷、钾肥，产量均在3 000千克/公顷以上，最高产量可以达到4 500千克/公顷。根瘤菌剂的投入产出比高达1∶16。

在我国20世纪50～60年代，大豆、花生、紫云英接种根瘤菌实验在南北方均广泛开展，效果同样很好。而70年代以后，由于化肥大量投入，豆科作物接种根瘤菌工作处于停顿状态，种大豆也主要依赖氮肥，单产低到只有1 500千克/公顷，在世界上排第八位（排名前7位的国家均接种根瘤菌，不施氮肥）。在长期的研究中，发现与同种植物共生的不同根瘤菌种群有明显的地理区域性分布，研究得知是因为它们具有不同的代谢与抗逆基因，从而适应不同的生态环境；同种根瘤菌的不同菌株对植物不同品种共生有效性差异很大，也是因它们具有不同的共生基因所致。根据这些发现，我们已经有针对性地为大豆、花生、扁豆、苜蓿等在不同地区的主要栽培品种进行了根瘤菌选种，筛选出适应性强、结瘤固氮活性高的一些菌株。在河北、河南、山东的田间小区试验表明，大豆接种优质根瘤菌可以增产 17.8%～35.6%，产量在 4 000 千克/公顷以上。接种比每亩[①]施用 10 千克尿素追肥的产量还高 10%。80 年代田间实验表明，完全不施化肥，花生接种根瘤菌可以增产14.5%～28.0%。因此，为豆科作物接种优质根瘤菌可以减少化肥用量，减少水源污染，节省能源和培肥地力，应该大力推广高效根瘤菌剂的应用。由此可见，包括根瘤菌在内的固氮菌剂产品等，在化肥减施增效中具有重要的地位。（李俊、杨国平）

20. 微生物肥料与农产品质量安全之间有什么联系？

使用微生物肥料可以消除农产品质量欠安全的消极因素。微生物肥料可以提高化肥利用率，减少或消除农产品的化学残留，从而提高农产品质量安全。化学残留主要指农产品农药残留、化肥残留、除草剂残留，以及环境中遗留的化学品及其分解的有毒产物造成的残留。微生物肥料中所含的微生物一般都有分解化学合成品的功能，只是分解速度有快有慢。微生物还能吸附自然界中的重金属元素，从而减少作物吸收环境中的重金属，农产品中的重金属含量会大幅下降。微生物肥料通过减少天然土壤、水域中存在的重金属和人为农业措施加入农田的化学制品残留，大大地提高了农产品的质量安全。由于微生物肥料中的菌体具有竞争性抑制功能，微生物肥料的长期连年使用使农田病、虫、草害逐年减少。因此农用化学品如农药的投入也逐年下降，农产品质量安全也会逐年提高。（黄为一）

---

① 亩为非法定计量单位，1 亩=1/15 公顷≈667 米^2。——编者注

21. 为什么说微生物肥料是绿色投入品?

微生物肥料之所以是绿色投入品，是由其多功能特点和环境友好特性所决定的。微生物肥料具有提供或活化养分功能、产生促进作物生长活性物质能力、促进有机物料腐熟功能、改善农产品品质功能、增强作物抗逆性功能、改良和修复土壤功能6方面的功能，并通过《微生物肥料生产菌株质量评价通用技术要求》（NY/T 1847—2010）标准给予了规范性阐述。该标准中对微生物肥料生产菌株的功能表述，也是我们进行微生物肥料产品包装标识、技术培训和广告宣传的依据。2013年，美国出版了《微生物养活世界》一书，强调通过调控土壤微生物区系能够增产20%，减少20%的化肥与农药，是未来环境友好、经济高效的农业新出路。

微生物肥料的特点可以满足我国农业绿色发展的需求，即其具备国家战略需求的特征。微生物肥料作为“十二五”以来生物农业中的战略性新兴产业和近年来农业绿色优选投入品，是由我国特定的国情所决定的。一是人多地少的可耕地资源短缺，导致耕地的复种指数高，土壤得不到应有的休养和自我修复，耕地长期只用不养已威胁到其持续的生产能力；二是近几十年的农业生产中，化肥、农药、除草剂等农业投入品的不合理使用等问题，已造成了多种有毒有害物质积累，破坏了土壤的物理结构，土壤酸化日益严重和有机质的下降，引起了土壤中的功能微生物的失衡与土壤肥力的下降，肥料利用率不高，作物病害频发，农业效益下降；三是土壤健康问题日渐严重，农产品质量安全问题日益突出。要解决这些我国农业生产的障碍，实现农业可持续发展，正好与微生物肥料的功能相吻合，也正是微生物肥料的特点和专长。从这个角度来说，微生物肥料是实现我国农业绿色不可或缺的产品。可见，与传统肥料相比，微生物肥料在提高我国肥料利用率、维护土壤和植物健康、增产增效、减肥增效、提质增效，保证可持续生产能力和农业绿色发展等方面具有不可替代的作用。也有人将微生物肥料称之为新一代的“环境友好型肥料”，最近有专家又将其称为“智能型肥料”。目前，我国微生物肥料已成为蔬菜、果树、茶叶、中草药等作物上的主打肥料，每年在全国累计的应用面积超过了4亿亩，取得了巨大的经济效益和生态效益。（李俊、姜昕）

22. 微生物肥料是否可用于有机农产品种植?

微生物肥料完全可以用于有机农产品种植。微生物肥料是生物制品，生产微生物肥料的原料也是农副产品和天然的物质。用于农田的微生物肥料中的菌株都是来自于自然界，并且是用科学的方法选出的，对人畜禽植物都没有致病性的微生物。微生物肥料产品中的载体大多选自无公害的农副产品，经过发酵腐熟施入土壤中会全部降解，没有任何残留。作为微生物肥料主体的各种菌体在田间发挥作用后，特别是在作物采收后，大部分都死亡降解。这也是微生物肥料并不是一施永益，应该连年使用的原因。有机农产品种植对环境、土、肥、水，乃至风向都有一定要求。有机农产品论证部门也赞成使用微生物肥料。微生物肥料是有利于大自然良性物质循环的可持续发展的肥料。（黄为一）

23. 微生物肥料是如何在土壤中发挥作用的?

微生物肥料也就是俗称的生物肥，它是通过产品中所含的功能微生物发挥其作用的。地表的岩石经物理风化、化学风化、生物风化逐步形成了土。有机质和微生物进入风化土以后，加速了土壤的形成过程。微生物生长繁殖需要食物（养分），以无机物为食物的微生物生长非常缓慢，对土壤形成过程影响相对也慢。以有机物为食物的微生物生长繁殖非常快，能迅速形成大量的菌体和代谢产物。这些代谢产物可供植物直接吸收，供植物生长和形成许多风味物质。有的还能在风化土的成壤过程中发挥作用，使土壤具有保水、保气、保肥、保温的功能。这些以有机物为食物的微生物在摄食有机物的过程中，同时也将有机物分解为小分子的便于植物吸收的营养。这些小分子有机物同样有利于风化土的成壤过程，并增加土壤肥力和保水、保气、保肥、保温功能，大大提高了农田的土壤质量。

施入土壤中的微生物在分解土壤有机物的同时也分泌了一些代谢产物，如有机酸、多糖等，这些物质能增加无机矿物质的溶解性，供植物吸收。这些物质能将施入土壤中被固定的化肥中的磷、微量元素等活化，供植物吸收，例如钾细菌、磷细菌等。具有固氮功能的微生物能利用空气中的氮气合成农作物需要的氨，供作物合成氨基酸、含氮生物活性物质，从而合成蛋白质、代谢调节物和各种营养物。

施入农田的微生物肥料功能是多方面的。由于使用微生物肥料，微生物大量繁殖，影响并限制了致病微生物的繁殖，长期连续使用微生物肥料可以减少农田病害。有些微生物肥料中的细菌能分泌抗菌物质，抑制病原微生物的生长，农田病害减少，可以节约农药的使用成本。

微生物是土壤中的最活跃成分，它们主要依靠土壤有机质作为生存的粮食，干的是增加土壤肥力的活。若没有微生物，只向土中添加有机质，土壤肥力无法提高。岩石的粉末形成了土，土没有水、有机质、微生物，形成不了具有肥力的土壤。荒漠化的土地就是缺少水分、有机质和微生物。缺少有机质和微生物的荒漠，即使下雨，也无法含蓄水分，落在荒漠中的雨水很快被蒸发和渗漏。在荒漠上种草和植树也是难以成活。

在肥沃的黑土地上长期使用化肥，不使用有机肥，甚至将有机的秸秆焚烧使其无机化，含有丰富有机质的土壤当其中的有机质被消耗殆尽，千百年不断积累的有机质被微生物不停分解而形成的黑土地由于连续使用化肥，焚烧秸秆，也会沙化。因此同时施用有机肥和微生物肥有利于养地培肥土壤，同时施用有机的秸秆和微生物

是防治荒漠化的有效措施。（黄为一）

24. 微生物肥料是如何降解土壤有毒有害物质的？

微生物肥料的长期使用可以修复被污染的土壤。微生物对土壤的修复是指微生物一方面对土壤中有毒物质的分解和吸附作用，另一方面是微生物与生物有机物协同作用改变土壤的物理和化学特性，以便更适合于农作物健康成长。土壤中的有毒有害物质通过微生物的繁殖和代谢作用得到分解或富集。微生物繁殖和代谢必须要有一定的温度、水分、空气和有机质。有机质被微生物分解的过程为微生物提供了代谢的能量和营养。微生物有了能量和营养，就会合成生物催化酶来分解田地里的有毒有害物质。有毒有害物质大多为有机合成品，微生物分泌的酶作用于这些有机合成品的某个化学键，或作用于某个基团，或改变某个基团的位置，或将某个环打开，从而改变有害物质的毒性，最终将这些物质逐步氧化成二氧化碳和水。自然界中还存在一些元素，它们有较大的原子量，常被称作重金属元素。它们及其化合物对人类有一定的毒性。这些重金属元素存在于某些土壤中，通过植株进入可食部分，对农产品造成污染。如果长期使用微生物肥料，微生物肥料中的微生物就会在植物根部形成一层被膜，防止重金属进入植株。有的微生物与重金属结合，形成不溶于水的物质，再也进不了植株。这些微生物不能降解重金属，但可阻止重金属进入植株。如果连续种植能富集重金属的植物，就可让重金属直接进入植物体中，然后将该植物焚烧，从其灰烬中提取重金属，从而使土壤重金属总量减少。这个过程是相当缓慢的。国外的试验证明，完成土壤重金属污染修复过程，一般需要 30 多年时间，才能使土壤重金属含量显著下降。（黄为一）

25. 微生物肥料与土壤可持续生产力之间的关系是什么?

微生物肥料与土壤可持续生产力之间是相辅相成的关系。土壤物理、化学性状的改善都是通过微生物和有机物的共同作用来达到修复土壤目的的。具有可持续生产力的土壤都有较高的持水保肥能力，具有透气性，以及较多的生物量和有机质。这里所述的生物量除了植物生长的根系、土壤微小动物外主要是微生物。微生物肥料施入土壤后会分解吸收有机质，并且合成分泌大量的多糖和聚氨基酸等黏性物质。这些黏性物质混同土壤无机颗粒和残存有机颗粒形成土壤的团粒结构。团粒结构之间含有大量的空气，在团粒结构内部也相对空松。团粒结构的形成破坏了细密土层中的毛细管道，减少土壤水分沿着毛细管道的蒸腾作用而造成的损失。长期使用化肥的土壤易板结，所含空气少，水分易经致密土层中的毛细管挥发，保水能力差，易干旱。具有团粒结构的土壤能吸持较多的水分、空气和肥料。由于团粒结构的疏松性，破坏了致密土壤的毛细管，在水分蒸发时，水分不再挥发到空气中，因此具有团粒结构的土壤保持相对湿润和空松。施用微生物肥料的土壤抗旱能力强，遇上雨水多的季节，因为有机质丰富，微生物大量繁殖的田块犹如泡沫塑料海绵一样吸水能力也增强。

微生物还有一种能力，即微生物将土壤中易被雨水带走的营养转化为自己的结构成分，在作物需要时慢慢释放。例如将无机氮肥转化为含氮的聚氨基酸、蛋白质、细胞中的含氮有机物等；将易流失的钾吸收进庞大的荚膜多糖中，在作物缺钾时慢慢释放；将土壤中不溶性磷慢慢转化为可溶性磷供作物吸收。微生物在繁殖和生长过程中还合成各式各样的含碳的低分子量的具有生物活性的物质，这些物质对增收和提高作物品质的作用很大。

微生物在分解有机物的过程中产生大量的有机酸，对改造盐碱地十分有利，由于有机物的分解产物大多是酸碱缓冲剂，它们的存在使土壤pH趋于稳定，不因外界化肥等酸碱物质的加入而影响pH。从而减少氮肥的挥发、磷肥的固化，节省了化肥使用量。

由于微生物不断地分解土壤中的有机物，这个过程产生一定的生物能，使得土壤温度相对比不施用生物肥料的土壤温度要高一些，这有利于植物生长和抵御低温。

由于微生物肥料能不断地分解秸秆等农业废弃物，田间杂物少，有害的化学合成物少，这样的土壤保水、保肥、保温，又透气，保持了土壤的可持续生产力。（黄为一）

26. 微生物肥料能提高作物的抗病性能力吗？

植物与微生物的互助可以帮助植物抵抗病原的威胁。最直接的原因是功能微生物占据着容易受到病原微生物侵染的生态位，当细菌在根际周围形成生物膜时，病原微生物和生活在土壤中的寄生虫便不能侵入。根际有益微生物可能不仅仅是作为屏障，它们也可能分泌任意一种直接对病原微生物起抑制作用的化学物质。微生物产生的其他化学物质可以用来保护植物免受可能的寄生虫或天敌的干扰，吸引有益生物或激活植物的免疫系统。噬菌体（感染细菌的病毒）能够直接杀死病原菌。

地面以下，微生物通过占据病原体容易侵染的位置来为植物提供保护。表面和内生微生物可以分泌多种有益的化合物来保护植物，如阻止草食性动物进食的毒素，提醒周围植物危险信号存在的挥发性化合物和引起气孔关闭等预防反应的小分子物质等。

从地上到地下，植物与微生物之间是相互影响的。土壤中微生物的行为可以引起叶片的反应；反之亦然。比如当番茄被早期枯萎病菌感染后，植物本身激活的免疫系统产生的应激信号就会被根部的真菌接收。根部有益真菌利用其菌丝将胁迫信号传递给临近的植物，使其做好防御准备。

微生物自身会产生一系列的物质来抑制或杀死与其竞争的微生

物。如果一种细菌、病毒或真菌能够抑制其他有害微生物的生存，那么可能是这种植物与此种细菌、病毒或真菌存在共生关系或为它们提供营养。植物—微生物的共生关系基础是：植物为特定的微生物提供碳水化合物，相应的微生物通过抑制病原菌、天敌的进攻或者提供其他的益处来保护植物。据估计，植物的30%以上的初级产物（指植物通过光合作用将CO_2转化为有机物的量）以渗出液的方式流进土壤，因此，微生物也必须为植物提供大量的益处。（李俊、黄为一）

27. 为什么说应用微生物肥料是节能减排（低碳发展行动）和节本增效的有效途径?

全球气候变暖主要是由人类各项活动产生并向环境排出的CO_2、CH_4、N_2O等温室气体累计所成，其中农业的温室气体排放占了相当的比例，有人估计约占总量的1/3，并且这个比例还将不断上升。在此背景下，我国农业走低碳之路的意义重大，非常迫切与需要。低碳经济是以低能耗、低排放、低污染为基础的经济模式，核心是技术创新、制度创新和发展观的转变。发展低碳农业除了秉承低碳经济的内涵之外，要突出资源高效利用、绿色产品开发、发展生态经济，要突出科技进步、产业升级、节能减排，发展低碳农业的现实目标之一是使农业生产系统减缓温室气体的排放。

农业的发展经历了刀耕火种农业阶段、传统农业阶段和工业化农业（主要指化学投入品和机械化农业）阶段。工业化农业过程对生物多样性构成威胁：农田开垦和连片种植引起自然植被减少，以及自然物种和天敌的减少；农药的使用破坏了物种多样性；化肥过量使用造成了环境污染，进而也引起生物多样性的减少；品种选育过程的遗传背景单一化及其大面积推广，造成了对其他品种的排斥……如果用碳经济的概念衡量，农业可以说是一种“高碳农业”。改变高碳农业的方法之一就是发展生物多样性农业，由于生物多样性农业可以避免大量使用农药、化肥等，使现在的“高碳农业”转向“低碳农业”。

微生物肥料具有多方面的功能。与传统肥料相比，微生物肥料在生态保护、农业废弃物资源利用、提高作物产量和提高肥料利用率方面具有明显优势，可减少化肥、农药等农业投入品的使用。因此，研发和推广应用微生物肥料，可在实现“低投入、高产出、可持续发展”目标的同时，又改善了农产品品质，修复了农业生态环境。如近年来微生物腐熟菌剂的推广使用，就带来了明显的经济效益、生态效益和社会效益，在农业废弃物资源利用方面发挥着越来越重要的作用。通过微生物的分解、转化作用，可将大量的畜禽粪便、农作物秸秆等变废为宝，不但消纳了这些农业产生的废弃物资源对环境的压力，而且所生产的有机肥/生物有机肥施入农田可减少部分化肥的施用，在节能减排方面发挥着独特的作用。生物有机肥的大面积应用实践表明，此类产品具有恢复和维系土壤微生物区系与功能、提高化肥利用率、降低病害发生、改进土壤肥力等综合效果。（李俊、马鸣超）

28. 我国微生物肥料产业的现状如何？

我国微生物肥料的研究、生产和应用已有近 80 年的历史，虽经历了几次大的反复，近 20 多年来又处于一个稳定发展的阶段。尤其近十年，是我国微生物肥料产业快速稳定发展的黄金时期，更是产业培育壮大和产业影响力形成的关键时期。截至目前（2019 年 3 月底），我国已有微生物肥料企业 2 300 家（含境外 28 家）、产能达 3 000 万吨、登记产品 6 600 余个、产值 400 亿的产业规模，标志我国微生物肥料产业的形成。微生物肥料现已成为新型肥料中年产量最大（占 70%以上）、应用面积最广的品种。快速发展的主要原因是国家绿色农业发展的需求，以及微生物肥料在可持续农业中表现出其独特和不可替代的作用。可以预料，我国微生物肥料产业已步入良性循环，并向健康、有序、持续方向发展，在农业绿色发展和新科技创新的大形势下，必将会在农业生产中发挥更大的作用。

我国的微生物肥料具有品种种类多、应用范围广的特点。目前在农业部登记的产品种类有三大类12个品种。在登记产品中，各种功能菌剂产品约占登记总数的40%左右，复合微生物肥料和生物有机肥类产品各占大约30%；使用的菌种超过170个，涵盖了细菌、放线菌、真菌和酵母菌各大类别。微生物肥料使用效果逐渐被农民等使用者认可，微生物肥料的应用效果不仅表现在产量增加上，而且表现在产品品质的改善，提高肥料利用率，降低病（虫）害的发生，保护农田生态环境等方面。(李俊、姜昕)

29. 与国际相比，我国微生物肥料有哪些特点?

国际上，至少有80多个国家在研究、生产和使用微生物肥料，主要集中在美国、巴西、阿根廷、欧盟国家、印度、泰国、澳大利亚等国家和地区，产品以根瘤菌、PGPR促生菌剂和微生物修复菌剂为主。

与其他国家相比，我国的微生物肥料具有品种种类多、应用范围广和产业规模大的3个特点。一是产品种类多，使用菌种达170多种，登记产品超过6 600个。研发应用的菌剂产品种类多，尤其是在研制开发微生物与有机营养物质、微生物与无机营养物质的复合而成的新产品方面，处于一个领先的地位。二是我国微生物肥料应用面积广，每年应用面积累计近4亿亩，几乎在所有作物上都有应用，在提高化肥利用率、降低化肥使用量和减少化肥过量使用导致环境污染、净化和维护土壤健康、提升作物品质等方面已取得了较好的效果。三是我国微生物肥料行业生产规模大，产能达3 000万吨以上。然而必须认识到，行业急需通过技术创新，提高产品质量，降低生产成本，稳定应用效果仍是微生物肥料行业发展面临的

紧迫问题。（李俊）

30. 与进口微生物肥料产品相比，国家为什么优先鼓励微生物肥料先进技术的引进?

在国家层面优先鼓励引进国外先进的微生物肥料研发和生产技术，通过它的示范与辐射作用，可以带动我国微生物肥料的技术进步。而如果仅仅是微生物肥料产品的引进，必须考虑其适应性、安全性和成本等问题，以及国内产能现状。

之所以优先鼓励（考虑）微生物肥料先进技术的引进，是基于以下 4 个方面的考虑：一是由于我国生物肥料经过近 20 年的快速稳定发展时期，目前行业的产能、品种和质量水平基本可以满足农业生产的需要，国家和企业也在加大新产品研发和产业化能力建设，以满足日益扩大的市场需求；二是考虑生物肥料的特殊性，即是应用效果好的生物肥料产品应具备与使用地域的环境相适应的性能，而从境外筛选的菌种难以具备较强的适应性；三是基于生物肥料使用的菌种和产品的安全性考虑；四是基于成本考虑，通常进口产品要比国内产品价格高 50%以上。

微生物肥料进口的安全性由海关部门把关，海关部门已将进口的生物有机肥产品归为“植物源性肥料”，它的进境要符合国家质检总局 2011 年颁发的《植物源性肥料进境植物检疫要求（试行）》（国质检动函〔2011〕674 号）的要求。其核心内容是要对生物有机肥产品进行检疫和风险评估，产品中禁止含有动物尸体、粪便、羽毛及其他动物源成分。从中可知，鉴于生物有机肥成分的复杂性与安全性和对进口免疫的要求，更考虑到许多不可控制性，原则上不鼓励从国外进口生物有机肥产品。目前，所有的生物肥料产品（包括生物有机肥、各种菌剂等）均按此进行严格的检疫，严把进口关。

基于以上原因，国家优先鼓励引进国外先进的微生物肥料研发和生产技术，而不鼓励生物肥料产品的进口。（李俊、姜昕）

31. 为何说技术产品创新对微生物肥料产业发展极其重要?

尽管我国微生物肥料的研发应用历经数十年，并在近十年来取得了跨越式的发展，但是仍存在整体水平参差不齐、功能机理不明、菌株与产品同质化严重、生产工艺欠合理、技术创新不足、效果稳定性差、菌种产品产权保护不力等制约我国微生物肥料行业发展的问题。这些与研究基础薄弱、研发投入少、行业起步晚等密切相关。在我国微生物肥料迎来快速发展新时代的今天，行业技术产品创新不足成为主要的制约因素。

就微生物肥料行业的科技创新而言，以下 4 个方面必须得到重视才能推动行业的发展：首先是挖掘、筛选、拓展新的功能菌种，选育具有作物亲和性、地域适应性、优良生产性能的功能菌株；二是优化生物肥料产品的组合和活性保持技术，使不同功能菌株互补、菌株与载体功能叠加的组合产品，实现效果稳定；三是建立生物肥料的产品效果评价体系、生态效应评价、质量安全监督检测体系和市场推广体系；四是创新意识与文化的形成。

菌种创新是微生物肥料产业发展的核心内容，包括新功能菌种的筛选技术和评价技术。针对优良菌种“六性”要求，即功能性、生产性、互作性、协同性、生态适应性、安全性，急需建立对应的技术方法，实现优良菌株的科学评价，并且加强与土壤环境的耦合评价技术，明确功能菌种应用后对土壤理化性质和生物肥力的影响。同时，应重视菌种活性保持技术，采用回归应用环境、添加植物或土壤浸提物等措施进行复壮，防止菌种退化。此外，也急需肥料管理部门在下一步的肥料管理法规中确立新研发功能菌株的知识产权保护政策，采用现代技术建立菌株编码的唯一性系统，维护新菌株选育者的权益，达到产权保护的目标。（李俊、姜昕、马鸣超）

32. 微生物肥料市场需求与前景如何?

微生物肥料是一个新兴肥料品种，它和化肥是互补而又增效的关系。它还有一些新的应用领域，具有相当旺盛的市场需求和美好的应用前景。首先它的市场稳定，只要种庄稼就需要它，而且没有化肥的消极因素。特别在我国，为了爱护环境，落实减肥减药的战略思想，走发展生物有机肥的道路是保证农产品增长和提高品质的必由之路。生物有机肥可以大幅度提高化肥的利用率，减少化肥对农田的消极影响。随着农民在使用生物有机肥尝到甜头后，会逐步增加生物有机肥的用量，可以减少化肥用量，减少环境污染，提高农产品品质，增加农民收入。随着我国进入小康社会，老百姓对农产品口味的要求和安全的要求胜过对数量的追求。农民对生物有机肥的需求也随之增加。其二，农民自制的农家肥使用后，增加了农田的病虫草害，势必会增加农药和除草剂的用量，增加农药开支，又增加了农产品的药物残留。自制农家肥劳动力消耗大，劳动环境也比较恶劣，这些因素都使得农民首先选择和使用商品生物有机肥。随着秸秆原位还田的应用，农民发现由于秸秆原位还田未经高温发酵，农田上一茬遗留的病虫草害相对较高，权衡节省的劳动力与花在农药上的费用，大多数农民选择了购买商品生物有机肥。随着对环境质量的重视，大量农业废弃物，如秸秆不能焚烧，畜禽粪便又脏又臭的状况需要改变，使用微生物方法是最合理且可持续发展的生态措施。在劳力紧缺，气候寒冷，复种指数不高的地区，大多采用秸秆原位还田、增施固氮、耐低温的秸秆腐熟菌剂以提高秸秆的利用率，这是减少化肥、保护土壤生产力和环境的有效方法，所以微生物有机肥的市场是上升的。其三，在不施肥的草原和半干旱荒漠地区，用于豆科牧草的根瘤菌剂是一个需求量大的新兴市场。农民收割的豆科牧草是牛羊产奶长膘的极好饲料，特别在南方，饲用草原豆科干草成了奶牛增加牛奶产量和增加牛奶蛋白的重要措施，草原成了提供食品优质蛋白的基地。不施肥的草原接种豆科牧草根瘤菌剂，是提高牧草产量和品质的重要措施。同时花费少，利润高，将干燥的牧草运往南方非草场养殖奶牛和肉用牛羊的地区，可获得更高的经济收益，这将是有待开发的微生物肥料的潜在市场。其四，在荒漠改造的地区施用生物有机肥，可以提高荒漠土壤的生物量，大幅度提高绿化植物的成活率，对提高荒漠改造效果非常明显。提高荒漠的土壤有机质存量，改造沙漠，比焚烧发电更有长远利益，这又是一个有待开拓的大市场。其五，近年来随着水产养殖业的发展，对微生物改水剂和增加浮游生物及鱼饲料的微生物肥水剂等需求不断增加。微生物菌剂的使用，使水产养殖业的养殖水域环境质量大幅提高，水产养殖农药减少，改善了水产品健康，增加了水产品产量。

微生物肥市场前景是广阔的，这个广阔的市场前景依赖于微生物肥的品质，低劣的产品会损害市场的前景。微生物肥的市场稳定性较高、相对附加值较低，迅速暴富的可能性不大。（黄为一）

33. 国家对微生物肥料的管理要求有哪些？办理登记程序怎样？

国家对微生物肥料的管理在不同时期有不同的要求，但管理的总要求是安全、有效。由农业农村部负责全国的微生物肥料产品的登记，按照“一品一证”规定，对在我国境内生产和使用的微生物产品实行登记证管理制度。目前微生物肥料产品的登记要求及程序主要依据是农业农村部 2017 年 12 月 29 日颁布的《肥料登记行政许可事项服务指南》（中华人民共和国农业部公告第 2636 号）。由农业农村部微生物肥料和食用菌菌种质检中心、农业农村部微生物产品风险评估实验室（北京）等为主要技术依托单位，承担质量检测检验、菌种鉴定、安全性评价分析等技术工作。

国家对微生物肥料最新的管理要求变化有：一是取消了产品的临时登记，登记证有效期为 5 年；二是登记程序和提交资料上的不同，具体参阅后续文本内容和登录农业农村部微生物肥料和食用菌菌种质量监督检验测试中心的官网（www. biofertilizer 95. cn），关注最新动态变化。

登记办理的主要程序包括：①省级农业主管部门受理辖区肥料生产企业肥料登记申请，对企业生产条件进行考核，提出初审意见。②农业部行政审批办公大厅肥料窗口审查申请人递交的肥料。③登记相关资料，农业农村部肥料登记评审委员会秘书处核验申请人提交的肥料样品，申请资料齐全符合法定形式且肥料样品符合要求的予以受理。④农业农村部肥料登记评审委员会秘书处根据有关规定，对申请资料进行技术审查并组织开展产品质量检测和安全性评价试验。⑤产品质量检测或安全性评价试验结果不符合要求的，申请人自收到农业农村部肥料登记评审委员会秘书处书面通知之日起 15 日内，可提出一次复检申请。⑥农业农村部肥料登记评审委员会进行评审。⑦农业农村部种植业管理司根据有关规定及技术审查和评审意见提出审批方案，按程序报签后办理批件。（姜昕、李俊）

34. 微生物肥料初次申请登记的资料及要求有哪些？

初次（首次）申请微生物肥料登记的，需要向农业农村部提交的材料及要求包括：①《肥料产品登记申请单》；②《肥料登记申请书》（微生物肥料产品）；③企业证明文件；④省级农业主管部门初审意见表；⑤生产企业考核表。申请人应提交所在地省级农业主管部门或其委托单位出具的肥料生产企业考核表，并附企业生产和质量检测设备设施（包括检验仪器）图片等资料；⑥产品安全性资料（仅对安全性风险较高的产品）；⑦田间试验报告。申请人应按相关技术要求在中国境内开展规范的田间试验，提交每一种作物 1 年 2 个以上（含）不同地区或同一地区 2 年以上（含）的试验报告。同时提交由相应检测资质单位出具的田间试验供试样品检测报告。记载做田间试验以前，需要对产品进行检测，该检测报告需要在产品登记时与田间试验报告一同提交。田间试验报告需注明试验主持人，并附该主持人农艺师等职称证明材料；⑧产品执行标准。申请人应提交申请登记产品的执行标准。境内企业标准应当经所在地标准化行政主管部门备案；⑨产品标签样式。申请人应提交符合《肥料登记管理办法》《肥料登记资料要求》规定的产品标签样式；⑩企业及产品基本信息；⑪肥料样品。境内产品由申请人所在省级农业主管部门或其委托的单位抽取肥料样品并封口，在封条上签字、加盖封样单位公章。产品质量检验和急性经口毒性试验应提交同一批次的肥料样品 2 份，每份样品不少于 600 克（毫升），颗粒剂型产品不少于 1 000 克。样品应采用无任何标记的瓶（袋）包装。样品抽样单应标注生产企业名称、产品名称、有效成分及含量、生产日期等信息。⑫菌种试管斜面 2 支。（姜昕、李俊）

35. 申请微生物肥料续展登记的资料及要求有哪些？

微生物肥料登记证有效期届满需要继续生产、销售该产品的，肥料登记证持有人应当向农业农村部申请肥料续展登记。申请微生物肥料续展登记的，在肥料登记证有效期届满 90 日前提交申请，提交材料及要求包括：①《肥料产品登记申请单》；②《肥料续展登记申请书》（微生物肥料产品）；③标注统一社会信用代码的企业注册证明文件复印件（加盖企业公章）；④肥料登记证复印件（加盖企业公章）；⑤年度产品质量报告。该报告要求由具备相应检测资质机构出具的产品质量检验报告，在有效期的 5 年中，每年需要对产品做一次年度检测，应优先选择省级以上、具有相应资质认证的检测机构进行产品检测，以免续展登记时因报告缺失或年度检测报告不符合要求影响续展登记；⑥生产企业考核表。境内申请人应提交由所在地省级农业主管部门出具意见的生产企业考核表。生产企业考核表要求参照《肥料登记行政许可事项服务指南》；⑦其他材料。包括提交产品登记证有效期内产品质量管理、质量认证、监督抽查等方面的情况；产品应用情况报告，该产品在登记证有效期

内使用面积、施用作物、应用效果和主要推广地区等情况。（姜昕、李俊）

36. 申请微生物肥料变更登记的资料及要求有哪些?

变更登记申请的范围有3种情况，分别是使用范围变更、商品名称变更、企业名称变更。需提供的资料及要求以下：

申请使用范围变更的资料及要求包括：①《肥料产品登记申请单》；②《肥料变更登记申请书》（微生物肥料产品）；③产品田间试验报告，附试验样品检测报告及试验主持人职称证明复印件；④产品标签样式。

申请商品名称变更的资料及要求包括：①《肥料产品登记申请单》；②《肥料变更登记申请书》（微生物肥料产品）；③产品标签样式。

申请企业名称变更的资料及要求包括：①《肥料产品登记申请单》；②《肥料变更登记申请书》（微生物肥料产品）；③境内申请人应提交标注统一社会信用代码的企业注册证明文件复印件（加盖企业公章）；④企业名称变更相关的文件资料；国外及港、澳、台地区申请人应提交企业注册证明复印件，以及新的生产、销售证明文件、委托代理协议；代理机构营业执照复印件或境外企业常驻代表机构登记证有变化的，也应同时提交。（姜昕、李俊）

37. 我国是如何进行微生物肥料的安全评价的?

微生物肥料作为一种活菌产品，其产品的安全性一直是国家管理的重点和社会关注的焦点。生物肥料的安全把关是国家登记的首要条件，也是生产应用的前提。为了保证微生物肥料产品的安全，一是做好使用菌种的安全管理，对生产用菌种严格按照《微生物肥料生物安全通用技术准则》（NY/T 1109—2017）的规定实行4级安全管理，在重视微生物肥料对人和动物安全性的同时，加强微生物肥料菌种对植物和农田环境的安全性研究，杜绝将病原菌等有害微生物作为生产菌种应用。二是要求企业按照标准要求组织生产，达到标准要求的质量指标，尤其是重金属限量、蛔虫卵死亡率和粪大肠菌群值的控制指标，在质量安全评价中具有一票否决的地位。三是产品载体来源日益多元，潜在安全问题不容忽视。用于微生物肥料生产的各种有机物，称之为“载体”，它对保证产品的质量与效果非常重要，因为它不仅仅是载体，更是微生物的“粮食”。它既提供了制造微生物体及其代谢产物的材料，又提供了微生物生长、代谢、繁殖的能量。目前，用于微生物肥料生产的原料、辅料等五花八门，除了传统的畜禽粪便、秸秆等农业废弃物外，其他诸如味精厂、制糖业、造纸业等的下脚料、生活垃圾、城市污泥、膨润土、硅藻土、粉煤灰、煤粉、褐煤等也当做原料辅料使用。它们成分复杂，效果表现不一，存在重金属、病原菌、抗生素残留等安全隐患，建议企业不选用这些废弃物料。

生物肥料的安全把关是一项长期工作，需要在国家监管机制和手段上不断完善。尤其在生物肥料安全风险评估的技术手段和评价的科学全面性等方面仍需改进与提高。（李俊、姜昕、马鸣超）

38. 我国生物肥料标准体系构建如何？怎样查询和购买到标准文本？

截至目前（2019年2月），通过多个农业农村部行业标准专项和国家标准的立项，农业农村部微生物肥料和食用菌菌种质量监督检验测试中心作为第一起草单位，已研究制定并颁布实施的微生物肥料标准共计21项，其中国家标准3项。在构建的我国微生物肥料标准体系中，基础标准包括《微生物肥料术语》（NY/T 1113—2006）和《农用微生物产品标识要求》（NY 885—2004）；菌种质量安全标准有《微生物肥料生物安全通用技术准则》（NY 1109—2017）、《硅酸盐细菌菌种》（NY 882—2004）、《根瘤菌生产菌株质量评价技术规范》（NY/T 1735—2009）和《微生物肥料生产菌株质量评价通用技术要求》（NY/T 1847—2010）；产品标准有《农用微生物菌剂》（GB 20287—2006）、《生物有机肥》（NY 884—2012）、《复合微生物肥料》（NY/T 798—2015）、《农用微生物浓缩制剂》（NY/T 3083—2017）和《有机物料腐熟剂》（NY 609—2002）；方法标准包括《肥料中粪大肠菌群值的测定》（GB/T 19524.1—2004）、《肥料中蛔虫卵死亡率的测定》（GB/T 19524.2—2004）和《微生物肥料生产菌株的鉴别 PCR 法》（NY/T 2066—2011）；技术规程有《农用微生物菌剂生产技术规程》（NY/T 883—2004）、《农用微生物肥料试验用培养基技术条件》（NY/T 1114—2006）、《肥料合理使用准则　微生物肥料》（NY/T 1535—2007）、《微生物肥料田间试验技术规程及肥效评价指南》（NY/T 1536—2007）、《微生物肥料菌种鉴定技术规范》（NY/T 1736—2009）、《微生物肥料产品检验规程》（NY/T 2321—2013）和《秸秆腐熟菌剂腐解效果评价技术规程》（NY/T 2722—2015）。这些标准构成了具有我国特色的微生物肥料标准体系，也是国际上首创的微生物肥料标准体系。查询以上相关标准，可登陆农业农村部微生物肥料和食用菌菌种质量监督检验测试中心的官网（www.biofertilizer 95.cn），或致电质检中心（010-82108702）咨询。

微生物肥料标准体系的建立，实现了我国微生物肥料标准研究制订的跨越，达到了从单一的产品标准发展到多层面的标准、从农业行业标准升至国家标准、标准内涵从数量评价为主到质量数量兼顾的 3 个转变的目标。这些标准为我国开展微生物肥料登记管理提供了坚实的技术保障，也是我国 20 年微生物肥料产业持续稳定发展的技术支撑。（李俊、姜昕）

39. 如何才能了解掌握全国微生物肥料产品登记信息？

适应新时期微生物肥料登记管理需求，引导和促进微生物肥料行业的发展，需要建立与之相适应的信息网络平台。通过信息网络发布我国微生物肥料相关法律、法规、相关标准、登记程序、登记申请受理、登记进展查询、核准的标签标识、登记产品等信息，同时对微生物肥料新技术、新产品和新动态进行宣传和介绍。

目前，微生物肥料已进入农业农村部行政审批综合办公系统，申请人可登录肥料登记管理信息服务平台，查询农业农村部有效肥料登记信息，以及肥料登记行政许可的依据、条件、程序、期限、材料目录、申请书格式文本等。申请人也可登录农业农村部微生物肥料和食用菌菌种质量监督检验测试中心的官网（www. biofertilizer 95. cn）查询，了解相关信息。（李俊）

40. 如何开展微生物肥料的科普宣传和推广应用工作？

做好微生物肥料科普知识的宣传和推广——使用微生物肥料是保护生态环境、利国利民的一件大好事。各部门及相关单位要联合起来，推广宣传普及微生物肥料知识，注重对农户进行专业培训，采取各种有效措施，使更多人了解掌握微生物肥料的知识及相关技能。生产企业必须在包装上注明使用方法和注意事项。技术部门要充分利用电视、广播、报刊、杂志等舆论工具，积极宣传有关微生物肥料的科普知识，使农民认识和掌握基本的操作方法，使微生物肥料发挥其最大效益，才更有利于微生物肥料事业的不断发展。推广新产品时，科技人员要亲自到农民中去示范、传授有关知识，包括使用前的准备、施用方式和方法、有机和无机肥料的合理配合以及土壤水分管理等，纠正对微生物肥料的误解和偏见，维护微生物肥料的声誉。

微生物肥料的使用效果已逐渐被大多农民认可，应用面积在逐年扩大。由于微生物肥料作用是多方面综合、间接的结果，不像化肥作用效果直接、明显，要认识和接受微生物肥料产品的作用效果，需更长时间与更多的专业知识。因此，微生物肥料产品推广应用中更需要实事求是地科学宣传。为加大微生物肥料科普宣传的力度和范围，应充分发挥互联网平台系统，加大宣传力度，扩大宣传范围。

造成目前我国微生物肥料科普宣传力度不足、范围不广的原因主要有：①农资肥料市场缺乏对微生物肥料的认识，绝大多数肥料经销商对微生物肥料产品不了解，对其作用机理、使用方法等知之甚少，使微生物肥料进入市场缺少了流通环节；②广大农民用户由于不了解微生物肥料性能，又不知如何选择品种和识别真假产品；③微生物肥料的作用效果与环境条件及使用方法等都密切相关，即使好的产品，若使用方法不当，也不能较好发挥其应有的作用效果；④微生物肥料的市场上仍不乏假冒伪劣的产品，扰乱市场，影响正常产品的销售。(李俊)

第二部分　如何生产微生物肥料

41. 生产微生物肥料需要具备哪些基本条件?

微生物肥料的生产条件和工艺过程与其他肥料间存在较大差异。在微生物肥料生产中，主要的技术环节有菌种（菌株）保存与选用、菌的发酵增殖扩繁、产品后处理（混拌设备、烘干设备、造粒设备）、包装（分装机）和质量检验等。要稳定持续生产出合格的产品，不仅需要配备相应的仪器设备和设施条件，而且要有一套可行的生产工艺。在《农用微生物菌剂生产技术规程》(NY/T 883—2004）中，对菌剂生产中所涉及的生产环境、生产车间、菌种、发酵增殖、后处理、包装、储运及质量检验等技术环节做出了具体的要求。

不同种类微生物的生产和不同产品剂型对设备和工艺要求存在差异。在微生物的发酵增殖扩繁环节，可采用液体发酵、固体发酵和液—固两相发酵生产方式，与之相应的设备配备要求也不同。

微生物肥料生产一般需要清洁卫生技术含量较高的菌种生产车间。此车间需要无菌室、配料间、多级发酵增殖装置、净化空气供气系统以及分离干燥系统和分装工段等。农村生产生物菌肥的企业可以向专门生产菌种的企业购买菌种，结合当地的环境保护，利用农业废弃物，如畜禽粪便、农产品加工废弃物、秸秆等扩大生产运输量大的固态生物肥。生产生物有机肥主要应配备一台翻拌机。翻拌机有平地自由运行的柴油驱动机和槽式电驱动机。前者占地面积大，保温差，在冬季仅限于华南地区使用。后者保温好，单位面积产量高，但需一定量的建槽资金。除此之外，根据具体情况需秸秆

粉碎机、运输车、包装等设备。（李俊、黄为一、李力）

42. 生产微生物肥料的方式有几种?

不同种类的微生物肥料生产和不同产品剂型对设备和工艺要求存在差异。生产微生物肥料过程中，关键是功能菌的发酵增殖扩繁环节，并以此来区分微生物肥料的生产方式。常采用的有液体发酵、固体发酵和液—固两相发酵 3 种生产方式，与之相应的设备配备要求也不同。

（1）微生物的液体发酵生产方式。这是微生物工业化扩繁的主要方式，尤其适合以细菌类和酵母菌等单细胞微生物为菌种的扩繁。其特点是生产效率高，自动化程度高，质量可控，但投资较大。配备的主要设备是发酵罐、空气过滤设备（空压机）、热动力设备（锅炉、烘干、灭菌设备）等。最常用的是采用三级发酵扩繁模式来获得高产率，对应的发酵罐为种子罐（一级罐）、放大罐（二级罐）和生产罐（三级罐）。级间的罐容积比例为 5～10；如小规模扩繁，可采用一级发酵或二级发酵。

生产液体剂型的微生物肥料产品，一般需要在发酵罐出来的发酵液（经检验菌含量合格，杂菌率在标准要求控制值下）中，添加保护剂或其他可与微生物共存的物质，在洁净条件下分装。如果是生产粉剂微生物肥料产品，在发酵液中加入适宜的经灭菌吸附剂载体，用混拌设备均匀混合后分装。如果是颗粒剂型产品，需要在不破坏微生物菌体的条件下（尤其是温度），通过圆盘等设备造粒。

（2）微生物固体发酵生产方式。真菌和多数的放线菌适合采用固体发酵方式扩繁，其特点是设备较简单，投资较小，产品的保质期较长，但生产周期较长，生产效率低，自动化程度较低。固体发酵可在发酵床，或是发酵房、发酵桶中进行，其主要条件是能调控温度（加热装置）和调节通气。目前也有专用的固体发酵罐，为方便发酵料的进出，一般为卧式发酵罐。固体发酵后直接分装或经粉碎后装袋，或造粒成颗粒剂型产品。发酵原料的灭菌和需要大量的劳动力是限制其大规模发展的原因。

（3）液—固两相发酵生产方式。这种方式是先进行液体发酵，再将其接种到固体基质中发酵。液体发酵的目的是为后续的固体发酵提供扩繁菌种，因此液体发酵一般只采用一级发酵，其设备要求参见第一种方式。固体发酵条件和要求同上述第二种方式。目前，多数的真菌和多数的放线菌产品采用这种方式。要求生产者掌握液体发酵和固体发酵技术。（李俊、李力）

43. 用于微生物肥料生产的优良菌种应具备哪6个特性？

菌种具备以下“六性”要求，即功能性、生产性、互作性、协同性、生态适应性、安全性的菌种（菌株），才能称之为优良的生产菌种。菌种的功能性是具有提供或活化养分功能、产生促进作物生长活性物质能力、促进有机物料腐熟功能、改善农产品品质功能、增强作物抗逆性功能、改良和修复土壤六方面的功能。菌种的生产性能要求易于工业化扩繁，生产成本在可控范围内。菌种的互作性能是指产品菌株间互不拮抗、功能互补，且能主动参与土壤间养分转化等。菌种协同性能指菌株与植物间的亲和性，菌株能充分利用植物分泌物生长繁殖。菌种的生态适应性包括菌株在环境中的耐酸性、耐碱性、耐盐性和耐干燥性的能力。菌种安全性要求菌株对人、动植物和其他生物、土壤不存在安全风险。优良菌种的这些特性，均需经过试验证实，提供相关的数据及资料予以支持。

要满足优良菌种的“六性”要求，必须在菌种选育技术方法、评价技术和优良菌株的产权保护上下功夫，这是微生物肥料产业下一步发展和创新的核心内容，也是微生物肥料具有多功能、主动响应、信号调控、绿色环保的根本，达到微生物肥料“智能化”要求的基础。因此，新一代的微生物肥料研发目标，就是突破新功能菌株的选育、不同功能菌株的组合、菌株在产品中的活性保持及其在应用环境中的定殖与互作等关键技术，突出微生物的“合作关系”，从而达到“智能化”微生物肥料的功效。目前的微生物肥料距离“智能化”产品目标尚有差距，其主要原因是功能菌株及其组合达不到要求，仅能满足“智能化”的部分要求，尤其是主动响应的互作性和系统调控的稳定性方面存在不足。（李俊）

44. 获得优良生产菌种（菌株）有哪几个渠道?

答：菌种是微生物肥料产品的核心，筛选和选育多功能优良菌种是生产微生物肥料产品的前提，只有具备良好的菌种基础，才能通过改进发酵工艺参数和设备来获得理想的发酵产品。从专业的角度说，使用“菌株”比“菌种”更贴切。但考虑习惯，这两个术语同时采用。在研发微生物肥料产品时，首先是菌种的选用，要挑选出符合需要的菌种，一方面可以根据有关信息向菌种保藏机构购买，或与有关的科研单位、公司合作；另一方面根据所需菌种的特性等需求，从特定的生态环境中分离筛选。其次是育种的工作，根据菌种的遗传特点，改良菌株的生产性能，使产品产量、质量不断提高。再次是当菌种的性能下降时，还要设法使它复壮。最后还要有合适的工艺条件和合理先进的设备与之配合，这样菌种的优良性能才能充分发挥出来，在生产实践中表现出良好的作用效果。

但是，许多企业多处在购买菌种或与有关单位合作开发阶段，甚至有的企业从市场上流通的产品中分离菌种用于生产，能独立开展分离、筛选、复壮所需菌种的企业并不多，这也是虽然在生产中使用的微生物菌种已达 170 多种，但大多数企业存在菌种雷同化的一个主要原因。

目前，虽然有 170 多个菌种在微生物肥料产品中得到了使用，但是对菌种功能开展的研究很少。一些企业为追求产品中活菌数量（含量）或效果，而选择来源于动物肠道、易快速繁殖的微生物种类。如某公司申请产品中，选用粪肠球菌（*Enterococcus faecalis*）为生产菌，该菌是条件性致病菌，它来源于人和温血动物的粪便，偶尔出现于感染的尿道及急性心内膜炎，可引起尿路感染、化脓性腹部感染、败血症、心内膜炎和腹泻发烧等，其中败血症最常继发于生殖泌尿性感染，皮肤、胆道、肠道等感染也可作为原发病灶。另外，因肺炎克氏杆菌的固氮性能较好，一度被部分企业作为菌种来生产固氮菌剂。

因此，应通过登记的引导作用，鼓励和支持企业对所用菌种的性能加以研究，这点在申报秸秆腐熟剂产品中得到了证明，许多企业都对产品中使用的菌株性能，如酶活等方面开展了初步研究，同时也出现了一批新的菌种在秸秆腐熟剂产品中得到了应用。（姜昕、李俊）

45. 怎样才能筛选获得优良的功能菌种？

生产微生物肥料的关键是菌种，微生物肥料的应用效果也取决于菌种的功效，可见，筛选获得优良菌种就成为了技术的关键。

虽然记载的微生物数量已经数十万种，但自然界到底有多少种微生物仍是未知数，大多数微生物学专家认为，人类认知的微生物只占微生物总数的1%左右，这就是目前发展的现状。由此也可推知微生物世界存在的巨大潜力和广阔的应用前景。要想从这极为庞大的微生物世界里寻找我们需要的特定微生物菌株无异于大海捞针，因此必须有特殊的方法从动辄数千亿的复杂群体中挑选出我们需要的微生物个体，即菌株。

要说分离菌株的诀窍，那就是要有扎实的微生物知识和较丰富的实际经验，针对拟筛选的目标微生物种类的独特性质，设计出一套合理的、选择性强的、效率高的操作方案。下面以具有自生固氮能力的芽孢杆菌为例，说明如何设计特定的菌株分离程序方法。

按照常规的微生物学分离方法，取 1 克土壤，加 10 倍左右的无菌水与之混匀，静置后取 0.1 毫升上清液涂布无氮培养基平板，每个平板上涂布的量相当于 0.01 克土样。100 个平板才代表 1 克土样。通常见不到菌落，即使偶尔生长的个别菌落，在无氮培养基上进一步纯化时就不能生长，原因就是样品中带有一定量的残留氮营养，供那些非固氮菌生长一段时间。因此我国保藏的固氮芽孢菌本身不多，符合生产要求的优良菌株就更少，能够用于生物肥料生产的优良商业菌株更是稀缺。采用新的分离方法，几乎每次都能获得固氮芽孢菌。

以下是改良后新分离程序。首先取1 000克土样，视土样的黏性及含沙情况加5～10升含0.01%吐温-80的无菌水搅拌或振荡1小时，静置1～3小时，将上部液体倒入一个干净的容器，注意不要试图将全部液体倒过去，只需将大部分液体转移过去，避免任何泥土倒入。将液体用大容量离心机8 000～10 000转/分，20℃离心20分钟。弃上清液，保留沉淀物。用5～10倍含0.01%吐温-80的无菌水将沉淀物悬浮起来，1 000转/分，20℃离心5分钟，弃沉淀，将上清液倒入新的容器，避免将任何沉淀一同倒入。用大容量离心机8 000～10 000转/分，20℃离心20分钟。弃上清液，保留沉淀物。用5倍含0.01%吐温-80的无菌水将沉淀物悬浮起来，1 000转/分，20℃离心5分钟，弃沉淀，将上清液倒入新的容器，避免将任何沉淀一同倒入。换小转子用10 000转/分，离心15分钟，20℃。弃上清液，保留沉淀物。将沉淀物用10毫升pH7.0的磷酸缓冲液悬浮。

再取1毫升上面制备的样品浓缩液与9毫升磷酸缓冲液混合，在75℃水浴15分钟，杀死非芽孢菌。然后取0.1毫升涂布于无氮培养基，30℃培养。每个平板上涂布的量相当于1克土样，是传统方法的100倍。如果长出的菌落太少，还可直接从浓缩样品中取0.1毫升涂平板，每个平板上涂布的量相当于10克土样，是传统方法的1 000倍。当然如果菌落太多就进一步稀释后再涂平板。巧妙的方法可以成百上千倍地提高分离效率，一天的工作效率相当于一年。

至于其他功能微生物菌株的筛选，因各自的特点可以设计相应的快速高效的分离筛选方法，有意开展这方面工作的读者可以与专家交流。（杨国平、李俊）

46. 为什么说菌种的来源与功效密切相关?

多年研究和实践证明，微生物肥料菌种（菌株）来源，与它的效果密切相关。任何一个微生物“种”都是由许许多多分类性状相似的个体，即“菌株”组成，它们之间在某些特征上仍然存在巨大差异，包括菌株起功效的特征。跟踪调查发现，同样都叫枯草芽孢杆菌（*Bacillus subtilis*），有的菌株能够合成植物激素吲哚乙酸，而其余大部分菌株却没有此功能；少数枯草芽孢菌株能够降解纤维素，其余大部分菌株则不能。由此可见，生物肥料中添加未经实验证实的菌株是很难保证达到所需生物功能目的的。现实中那些不具备微生物学研究、开发与生产能力的生物肥料生产厂家，或是贪图价格便宜的企业，为了满足产品登记的要求，到市场上购买那些名称上相同的菌剂添加到产品中，实际上却没有所标注的产品功能，也就达不到其应用效果。

为了保障所生产的微生物菌剂能够达到特定的生物功效，就必须围绕所确定的生物功效进行菌种筛选工作。从自然界取样筛选菌株时要考虑将来菌株的施用地点。如果是用于植物根部，取样时尽量收集根系，从根表和根际分离微生物，然后从中挑选出具有我们需要功能的菌株。这样获得的菌株在根部定殖的能力可能较强，最终表现出来的生物功效就比较强。(杨国平、李俊)

47. 如何保持生产菌种的优良性能?

保持好的生产菌种（菌株）的优良性能，包括两层含义。一是将某个好的生产菌种在人工条件下保存好，使其性状不发生改变，保证连续多年生产出的微生物菌剂性能不变。二是围绕某个功效，不断筛选和优化该菌株，使菌株的功能得以提高，产品的效果也随之稳定提高。这方面国外一些大公司做得比较好，比如他们会在同一品牌的有机物料腐熟接种剂里不断采用效果更强大的菌株，产品还是物料腐熟剂，但效果却一年比一年好。这种做法值得国内同行借鉴和学习。

但从技术层面来看，多数企业只需做好第一层含义所要求的内容就可以了。那么究竟怎样才能保持好的生产菌种不变异或退化呢？需要做好以下 5 方面工作：①不同菌种的遗传稳定性是不一样的。在确定生产菌株时就要注意选用遗传性稳定的菌株。②微生物在分裂繁殖过程中会有 DNA 复制，而 DNA 复制不可避免地存在一定频率的错误，导致变异的出现。针对这点，要尽量避免过多地繁殖传代。一般用真空冷冻干燥或超低温甘油保存。③在日常菌种活化和短期冰箱保存时要避免用营养非常丰富的培养基，经验表明，微生物在营养丰富的培养基上生长更容易丧失致病性或其他活性。最好用营养相对贫瘠的培养基保存菌种。④对于能够产生休眠体的微生物，如芽孢杆菌、真菌，尽量取孢子进行保存。⑤对于不产芽孢或孢子的微生物，在保存时要取对数生长后期至稳定期（静止期）的菌体作为保存对象。对数生长期菌体的抗逆性不如稳定期（静止期）菌体的抗逆性强。（杨国平、李俊）

48. 芽孢杆菌是否为微生物肥料首选菌种？

目前我国的微生物肥料生产菌株多为芽孢杆菌。芽孢杆菌顾名思义就是能够产生芽孢的细菌。芽孢是抗逆性极强的休眠体，在常温干燥条件下可长期保持活性，芽孢可以方便地制成货架期长、性能稳定的微生物产品。这就是多数企业首选芽孢杆菌的原因，仅基于微生物肥料生产，而不是菌株的功效需要。

芽孢杆菌的生活周期包括营养生长阶段和芽孢形成阶段。营养生长阶段是它们代谢旺盛、产生各类次生产物、菌体数量迅速增加的时期。芽孢杆菌发挥各种功能也全依赖生长代谢过程产生的次生代谢产物，一旦营养生长停止并生成芽孢，芽孢杆菌就不再产生次生代谢产物，这意味着它们丧失了相应的功能。以枯草芽孢等为主的 10 多种芽孢菌是目前我国微生物肥料的主流菌种。据统计，在有效产品登记证中，使用芽孢菌为产品占到90%以上。其主要原因是由于芽孢菌生产性能和保存性能。通常芽孢菌繁殖快，生命力强，在不利的生长环境中，芽孢菌能产生休眠体——芽孢，由于芽孢对热、干燥、辐射、化学消毒剂和其他理化因素有较强的抵抗力，可在干燥和室温条件下长久存活，因此，芽孢菌易于制成稳定且货架期长的微生物肥料产品而被广泛应用。但是，从已有的研究报告中可知，芽孢菌作为微生物肥料，在提高土壤养分、促进作物生长的生物活性上却远不及非芽孢菌。尤其是芽孢菌在施入土壤环境中后，一旦形成芽孢休眠体，便失去生物活性，其微生物肥效也随之失去。

我们追踪过一株枯草芽孢杆菌产品在根系的生长动态。刚施到根系时完全是芽孢（75℃加热处理15分钟与不加热处理的菌数相同）；1小时后测定发现芽孢萌发，根系上的菌体全是营养体（75℃加热处理15分钟没有菌落生长，不加热处理菌数很多）；24小时后测定发现菌体又全部是芽孢，随后连续测定7天皆为芽孢。这说明至少一部分种类的芽孢杆菌在环境中发挥生物功能的时间窗口非常窄。

由此可见，由于产品保质期长，芽孢杆菌是目前微生物肥料生产的首选菌种，从功能角度来看，这种“首选”实属无奈。未来的发展方向应该是采用无休眠的非芽孢菌类。（李俊、杨国平）

49. 为什么要研发生产非芽孢微生物肥料产品？

自然界中大部分种类的细菌是不产芽孢的，由于不产生休眠体，这些细菌只要不死亡就一直保持代谢活性，持续合成和分泌各种代谢产物到环境中，因此发挥生物功能的时间要远远长于目前常用的芽孢菌。事实上，科研人员从自然界分离各种功能菌株时，效果好的大多是非芽孢菌，如假单胞菌（*Pseudomonads*），但由于非芽孢菌不论是在液体还是固体载体中都难以存活较长时间，不易进一步开发成为产品，这些效果好的菌基本上都停留在文献报道阶段。

但有一类非芽孢菌经过 110 年的不断研究，已经成功大规模地生产出各种稳定剂型，它们就是广泛应用的根瘤菌。根瘤菌的种类繁多，尽管各种根瘤菌的生理生化性状各异，但都有相应的稳定产品在世界各地广泛使用，这表明革兰氏阴性非芽孢细菌也可以做成相对稳定的微生物商品制剂。因此通过借鉴根瘤菌的生产工艺，将那些生物功能优异的非芽孢菌制成实用的菌剂是完全可行的，非芽孢菌的应用前景非常光明，这将为农业微生物应用领域开辟出一个新的时代。（李俊）

50. 用于微生物肥料生产的非芽孢菌有哪些?

在微生物肥料产品中，非芽孢菌产品（主要是根瘤菌）目前仅占不到 10%，其产量更是不到 2%。这与国外以非芽孢菌为主要菌种的情况相比，存在很大的差异。如果长期使用以枯草芽孢杆菌等少数几个芽孢菌为菌种，不仅会造成微生物肥料产品的趋同性和单一性，也难以发挥多样性的微生物功能，将限制了微生物种群多样性和在农业生产上的应用，最终制约微生物肥料产业的发展。

非芽孢菌产品具有功能上的许多优点。只要这些非芽孢菌存活，便可保持其代谢活性，即使在恶劣的土壤环境中，也能表现出相应的生物活性，促进作物生长，体现出“雪中送炭”的价值。近年的许多研究结果，证实了非芽孢菌的环境效应和对作物的促生效应。但由于非芽孢菌产品的存活保存条件苛刻、货架期短的问题，所以非芽孢菌做成稳定的商业产品要求的技术和设备较高，有些菌还存在一定的技术困难，这是目前非芽孢菌较少被企业采用的主要原因。

近年来，国外很多企业和学者，投入大量人力和经费开发具有商业与应用价值的非芽孢菌剂。经过长期研发，已基本解决这类菌的产品稳定性问题，推出了许多非芽孢菌的微生物制剂，常用的生产菌种有：根瘤菌、乳酸菌、假单胞菌、链霉菌等，以及真菌类的淡紫紫孢菌、木霉菌、酵母菌等。

在美国，已有不少非芽孢菌商业产品面市，主要是假单胞菌。这是因为假单胞菌是自然界广泛存在的细菌，它们的代谢活性高，生物效应特别明显。国外假单胞类细菌产品的成功在相当程度上得益于根瘤菌剂的研制。根瘤菌是研究时间最长、研究最深入的非芽孢菌。根瘤菌在国外已有110余年的商业应用研究历史，国外的根瘤菌剂研究非常先进。例如大豆根瘤菌剂，在常温下存放一年仍可保持50亿/克的活菌数，坚实的根瘤菌应用研究基础为其他非芽孢的产品研制提供了极为重要的参考借鉴。（李俊、杨国平）

51. 生产菌种一旦污染或失去优良性能后如何处理?

生产菌种（菌株）一旦污染，就要立即停止用于生产。如果继续用于生产，将生产出不合格的产品，并且会带来整个生产车间和设备管路的污染，严重的将会造成整个厂区污染。同时使其他生产品种也处于被污染的威胁之中，给生产单位带来严重的经济损失。

如果一旦发现菌种污染，首先要追踪该菌种已经应用到生产部门哪个环节，如果仅在摇床或种子罐环节，要立即对摇床间、接种室进行消毒，所有用过的瓶子、接种器具进行灭菌。种子罐中的培养液和与种子罐相连的管路全部进行灭菌。培养的种子液经高温灭菌后再排入排污管道。

如果菌种污染仅发生在冰箱中保存的试管内，则应在灭过菌的无菌室的超净工作台上进行平皿涂布分离单菌落。选择与原菌种相似的单菌落，经镜检和生理生化验证后继续繁殖使用。分离中产生的废弃物和原试管应彻底灭菌，分离过污染种的无菌室也应消毒。如有必要，特别是企业自身知识产权的优良品种，则应经16SrRNA基因检测，最后还要上摇床和小型罐检测其功能如何，并选择功能优良的菌株在同一分离的世代中挑取多个保存菌株供生产中种子罐的不同批次使用。

不易分离，性状优良的菌种，应用冷冻干燥方法在－80℃冰箱保存，或置液氮罐保存，使其优良性状不致丧失。

如果被污染菌种是从相关机构购买的，可以丢弃污染菌种并对可能的污染环境进行彻底打扫和消毒，然后再去购买一支相同的菌种。

有专利保护的菌种，可到当初送样的专利菌种保护机构，分离选送相同菌种保藏号的菌种继续生产。

具有某种特殊的生物活性或产生某种特制功能的次生代谢物的菌种丧失该功能时，应尽量在尚在贮存的菌种中，在某一特定的选择压力下，分离筛选原有特性的功能菌株。找到功能菌株后，也应定期地做分离复壮工作。不要以为一劳永逸，菌种在保藏和分离中存在变异的可能。

污染是微生物生产企业的大敌。平时必须建立严格的卫生制度，培养良好的防污染意识，建立长效的防污染生活习惯。

如果车间或厂区污染，必须找到污染源，彻底清扫、灭菌，厂房封闭熏蒸，车间所有管道蒸汽灭菌，空气过滤系统彻底灭菌，特别重视平时的排气、排污口的清洁。（黄为一）

52. 微生物肥料产品中的菌种种类是否越多越好？

微生物肥料产品中的菌种种类不是越多越好。这主要原因是要求产品中的各微生物种类要能共存、功能上能够互补。为实现同一种产品中所含菌种之间可以相容共存，微生物肥料生产工厂在设计产品时，都要做菌株拮抗试验，即将单纯的每一个菌种在同一个培养皿的同一个培养基上进行试验，选择能互相相容的菌株用于同一批微生物菌肥中。混合后的每一个菌种都应能保持较高的存活力，不存在相互拮抗。施于土壤后还能从土壤中分离到一定数量的与微生物肥料制造中相同的菌株。

其次是每种微生物肥料产品中各菌种的功能应该互补。将具有不同功能的菌种组合到一个产品中，实现产品功能的多样化和应用效果的稳定。一般在同一产品中含有3种左右的菌种。含有太多菌种的微生物肥料施于农田，由于土壤生态环境中多种因素的影响，往往存活下来的有效菌是有限的。同时，在同一产品中含有过多的菌种，制造工厂也是不经济的。含过多菌种的微生物菌剂施于农田后，能存活并能继续繁殖起作用的菌株，并不等于原来加入的菌株。目前实践中发现，存在许多盲目的菌种组合，如将功能相同的几个不同芽孢菌放到一个产品里面，这样就失去了合理的菌种组合可以拓展应用功能的目的。微生物肥料应用的土壤环境是多种多样的，功能大致相同的不同菌株存在于同一菌肥中，会表现出不同的存活率。(黄为一)

53. 是否允许转基因菌种生产微生物肥料产品?

微生物的转基因过程在自然界是一个普遍现象，自然界中各种微生物也是经过变异与适应的结果。国家要求使用的微生物菌种必须安全、有效。生产者应提供菌种的分类鉴定报告，包括属及种的学名、形态、生理生化特性及鉴定依据等完整资料，以及依据NY/T 1109出具的菌种安全性评价和NY/T 1847—2010出具的菌种功能评价资料。采用生物工程菌，应具有获准允许大面积释放的生物安全性有关批文。这就是说，国家并没有禁止转基因菌种用于微生物肥料的生产。

转基因绝大多数都是为了获取经济利益，既然是为了获取利益，就必须同时考虑转基因菌对人类和环境可能造成的危害。因此，采用转基因菌生产的，有责任提供该产品经多方长期论证的安全性报告。同时，还需得到国家转基因安全机构的批准，并接受国家相关部门的监管。

微生物肥料产品中，具有肥料效应的基因只有固氮基因比较清楚。目前尚未找到“解磷基因”、“溶钾基因”。事实上解磷、溶钾是由多个因素控制的，这些因素又牵涉到一群基因。因此随便使用

"解磷基因"、"溶钾基因"是不科学的。目前转基因结果在自然界的稳定性，还需时间证明。可见，鉴于转基因微生物在自然界的不稳定性和安全性，建议采用新的分离技术方法，从大自然中去筛选获得，为优先选择。（李俊、姜昕）

54. 如何确定微生物肥料生产的优化配方及其培养条件？

微生物肥料生产的核心问题是功能微生物的发酵生产，农业微生物领域使用的微生物菌种来源广泛，种类繁杂，性能各异，每个菌株都有独特的代谢特性和营养需求。每一个菌株的发酵培养条件都需要专门研究摸索。

首先要根据所用菌株的特性和产品的使用条件，确定是采用固体发酵还是液体发酵。大部分真菌适合用固体发酵来生产，大部分细菌既可用液体发酵生产，也可用固体发酵生产。对于生产高纯度高活性的微生物菌剂产品而言，如果能够用液体发酵生产就优先考虑液体发酵工艺，尽量避免固体发酵。不管是液体发酵还是固体发酵，都离不开培养基配方的确定和发酵条件的优化。

培养基配方的确定，主要依据菌株的营养需求，包括最适碳、氮源，对维生素和其他生长物质的需求。具体做法是分别尝试常见的单糖（葡萄糖、甘露糖、果糖等）、双糖（蔗糖、海藻糖等）、多糖（淀粉）或复合糖类如糖蜜，看看哪些碳源能够较好地支持菌的生长。再试无机氮源（铵盐和硝酸盐）和有机氮源（酵母粉、蛋白胨、牛肉膏），找出菌株最喜欢的氮源。常用的有机氮源除了含有氮素营养外，还含有碳源和多种维生素，不要误以为酵母粉等原料只提供氮营养。然后综合考虑碳氮源的合适比例及浓度范围。也可以利用相应方法来确定培养基各成分的最适浓度。

发酵工艺的优化主要是依据菌株对 pH、温度和氧气的需求特点，通过调节设备的发酵参数来满足这些需求即可，前提还是对生产菌株特性的充分了解。（李俊、李力）

55. 工业化液体发酵过程中如何防止杂菌污染?

影响微生物大规模生产的主要因素是发酵过程中的杂菌污染问题。采用工业化液体发酵方式，防止杂菌污染可以做到。但对于一般的固体发酵来说，却是难以实现无杂菌污染，换而言之，一般的固体发酵或多或少都会有杂菌存在，一般不严重的固体发酵污染会限制在局部地方。

液体发酵只要出现污染就整罐污染，污染菌通常都是环境中存在的抗逆性强、繁殖速度快的微生物，它们能利用培养基的营养疯狂快速生长，一方面与目标菌争夺营养，另一方面产生代谢物影响、抑制甚至杀死目标菌，因此，液体发酵一旦发生污染，结果基本上都是毁灭性的。防止杂菌污染是任何发酵工厂最为重要的问题。为此，发酵设备、空气除菌系统和培养液灭菌系统等的有关设备及管道配置，都必须严格符合灭菌要求，同时每一个操作人员都必须加强责任心，严格操作，杜绝一切杂菌污染的途径，保持正常生产。

实践中如何防止液体发酵过程的杂菌污染呢？可以从以下几方面开展工作。①检查发酵罐的气密性是否合格。在未装水或培养基的空罐中通入压缩空气，待罐内空气压力达到 0.1 兆～0.2 兆帕后停止通气，并关闭所有与罐体连通的阀门，进行保压试验。如果罐压在 6 小时以上没有降低，说明罐体密封完好。②确保空气过滤系统正常工作。发酵过程有大量的空气不断进入罐内，空气过滤器的滤芯出现一丁点漏洞就必然导致污染。可以灭菌一罐常用的培养基，不接种任何微生物，维持培养基温度在 30～35℃，搅拌速度 50～200 转/分，打开进气阀，往罐内通气 12～24 小时后取样检测，如果没有微生物生长说明空气过滤系统完好。发酵前检测滤芯，如果出现发霉、变黑等现象就直接更换滤芯，现在的制造工艺一般可保证新滤芯质量。③发酵罐的清洗。发酵放料后如果罐内没有清洗，残留的培养基和菌体会附在发酵罐内，特别是间隙、螺帽、拐弯和各种机械连接部位，形成生物膜，以至于随后的灭菌过程难以彻底杀灭这些部位的菌。④确保培养基在发酵罐中彻底溶解。如果培养基倒入发酵罐后没有彻底溶解，有干粉团存在，灭菌过程也难杀死干粉团内部的杂菌。⑤维持发酵罐的压力。在发酵过程中始终保持罐内压力明显高于大气压力，避免出现负压导致外面的空气进入发酵罐。

除了上述常见的问题外，发酵过程还有许多地方也可导致污染，需要一定的操作经验来防止。发酵生产中避免杂菌污染应以预防为主，事前防止。如果一旦发生了杂菌污染，就应该尽快找出原因及时挽救，以减少损失，并从中吸取教训，保证生产正常进行。但生产过程中的环节很多，产品种类、生产设备及管理措施等也不完全相同，因此引起染菌的因素比较复杂。另外，在分析染菌原因时又涉及各操作环节，操作人员又往往相互埋怨，这又影响了查找染菌原因，结果延误生产，原因查不出，往往造成连续染菌。因此，发酵染菌后，要求各产生环节的操作人员，必须如实反映情况，对染菌情况进行具体分析，认真查找染菌原因，堵塞可能引起染菌的漏洞。（李俊、李力）

56. 发酵污染的原因分析及补救措施有哪些？

一旦发生染菌，寻找原因非常重要，这是能否采取补救措施的依据。一般可以从染菌现象及程度进行染菌原因的分析。

一是从染菌的规模进行原因分析：①当多数发酵罐同时染菌时，且染的又是同一种杂菌，一般说这种情况是由使用统一空气系统中空气过滤器失效，或过滤器效率下降使空气带菌所致。②当少数发酵罐染菌时，如果是发酵前期出现染菌，可能是种子带杂菌所致；如果发生在发酵后期，可能是无菌空气带菌、灭菌不彻底或设备管路渗漏等所致。③当发生个别发酵罐连续染菌现象，大多数是由于设备上的问题所致，如阀门渗漏、罐体腐蚀磨损，特别是冷却管不易觉察的穿孔。

二是从染菌的类型上进行原因分析：一般认为染芽孢杆菌，多数是由于设备存在死角或培养液灭菌不彻底所致。染球菌酵母可能是以空气中或阀门渗漏从蒸汽冷凝水中或冷却管冷却水中带来的。污染霉菌一般认为多数是灭菌不彻底或无菌操作不严格所致。

三是从染菌的时间进行原因分析：发酵前期染菌，一般讲是因为种子带菌或原料灭菌不彻底所致。中后期染菌，一般讲是设备渗漏及操作不当所致。

染菌后可采取的补救或挽救措施有：①出现种子罐染菌时，种子不能再扩大培养，将其倒灌，损失较小些。②发酵罐早期发现杂菌，将发酵液适当添加营养物质进行重新灭菌再接种。③发酵中后期染菌，如果染菌不严重，危害不大，可以继续发酵，如果染菌严重，立即倒罐，并进行彻底清洗和灭菌。（李俊、李力）

57. 如何因地制宜选用载体?

商品微生物肥料除了纯菌剂级的采用冷冻干燥方法制成的纯菌剂外，一般都或多或少选用某些易获得的原料作为菌体的载体。有的载体可提高菌体的存活力，便于加工、储运和田间使用。

载体选择应注意载体本身的理化性质，如 pH 适中，避免过酸或过碱的载体，粒度不宜太粗，应有较好的吸附能力，不应有较高的渗透压等。

微生物肥料中使用的载体可分为无机载体、有机载体和有机无机混合载体。

无机载体如硅藻土、沸石粉、矿石粉、膨润土、中性黏土等。无机载体价廉易得，有的如硅藻土、沸石粉吸附性也很好。无机载体制成的菌剂适用于有机质含量高的土壤。

吸附菌体后易加工为粉剂菌肥，便于和有机肥无机肥混合造粒。但是有的无机载体使菌体存活率受影响，用于喷灌、滴灌易分层、沉积、堵塞管道。施用于贫瘠土壤因有机质缺乏，其效果表现欠佳。

有机载体品种繁多，如麸皮、秸秆粉、酒糟粉、淀粉以及发酵腐熟充分的有机肥等。有机载体吸附菌体能力强，对菌体有一定营养功能，有利于菌体保持较高的存活率。施用于田间见效快。但有机载体应干燥，不能是霉变过的，最好使用前灭菌，以免杂菌污染。用于喷灌、滴灌也有易堵塞管道的缺点，可采用易溶于水的有机载体来解决这一缺陷。

有机无机混合型载体，最典型的是泥炭。吸附菌体能力强，菌体在其中存活率高。但资源受一定限制，有些地区已禁采。如以上述无机载体和有机载体混合后使用，可克服纯无机载体缺少初始营养的缺陷，又可克服纯有机载体加工中成本较高的问题。载体选择中最重要的是不能被杂菌污染，特别是不能用霉变过的农副产品作载体。（黄为一）

58. 为什么说原料与辅料的安全性对保证微生物肥料至关重要?

原料与辅料对维持产品中微生物存活、发挥功效和保证安全都有重要的影响，又是产品中的主要组成部分之一。明确了用于生物肥料生产的原料与辅料，应符合以下规定：以畜禽粪便、动植物残体和以动植物产品为原料加工的下脚料，须经发酵腐熟并符合无害化要求后，方可作为生产微生物肥料的原料和辅料；不宜使用粉煤灰等矿化碳和废弃塑料粉末等化学合成碳的物料进行生物肥料生产；也不宜使用会带来生物安全隐患的原料，如蛋白含量丰富的抗生素工业废渣，这种废渣施于田间会诱导抗药性病菌的滋生。要求企业按照规定使用原料和辅料，在申请产品登记时予以明确，并由登记部门进行动态跟踪，避免原料与辅料中的重金属、病原菌、抗生素等含量超标带来的安全隐患。

微生物肥料产品中占有95％～98％以上的是原料、辅料等载体物料。它对产品的质量安全与效果保证非常重要，因为它不仅仅是载体，更是微生物的“粮食”。它既提供了制造微生物及其代谢产物的材料，又能提供微生物生长、代谢、繁殖的能量。具体表现在，微生物有了可利用的有机源才能大量增殖，才有了新陈代谢和固氮、活化钾磷矿物的能量；才能合成多糖、聚氨基酸、生物激素等活性物质，形成具有保肥、保水、通气功能的土壤团粒结构等。好的有机质原料能被微生物发酵分解，通常将这种有机物中所含的碳源称为可发酵碳。而这种可被微生物分解的有机质载体（可发酵碳）与其来源直接相关，因此，有必要明确用于微生物肥料中的各种原料、辅料等有机载体的来源和种类，也便于对其安全性进行监管；反之，以膨润土、硅藻土、粉煤灰等无机材料为载体（或吸附剂）制成的微生物肥料，其效果表现慢甚至肥力不显著的原因就是缺乏有机质载体（可发酵碳）供菌体生长。

目前，用于微生物肥料生产的原料、辅料等五花八门，除了传统的经发酵的畜禽粪便、秸秆等农业废弃物外，近年来诸如味精厂、制糖业、造纸业等的下脚料，生活垃圾、城市污泥、膨润土、硅藻土、煤粉、褐煤、营养土等，它们成分复杂，而且存在重金属、病原菌、抗生素残留等安全隐患。目前重金属含量超标已引起社会广泛关注，尤其是食用农产品的重金属超标。含较高重金属有机肥的大量施用，造成的土壤重金属含量迅速提高，必须引起足够的重视。生产微生物肥的微生物是安全的，微生物肥料的安全隐患往往是原料和辅料控制不够严所造成的。（黄为一）

59. 如何延长微生物肥料产品的保质期?

微生物肥料产品的保质期国家标准和农业行业标准要求至少 3 个月以上，事实上从生产工厂到农民施用于田间需要一定的贮运、销售过程，大约需要 6 个月。除了热带地区，我国种植业施肥高峰期一年就是两次。东北、西北地区不少地区施肥高峰仅一次。作为流通的商品，微生物肥料的理想保质期应为 18 个月。第一年未施入农田的第二年还可使用。

微生物肥料保存一般都要求存放于阴凉干燥处。具体的保存温度在 0～15℃范围内菌含量变化不大。固体制剂在 0℃以下也没有什么影响。

要延长保质期，液体剂型和固体剂型有不同的措施。

液体剂型在生产中从发酵罐到包装瓶之间的管道要灭菌，包装瓶也应灭菌。包装环境应半无菌状态。若机器灌装，机器应在半无菌包装车间内，该车间要经灭菌处理，流水线上方配有罩子。包装前液体菌剂中的营养物质应尽量消耗到最低含量。为了使贮运过程中产生的代谢气体排放，采用透气而不透水的薄膜瓶盖是一个有效的措施。不同的菌种保质期也不一样，有保护层（芽孢、孢子、荚膜）的菌种保质期长。

固体剂型除了贮运过程中保持阴凉干燥外，在生产过程需注意防止杂菌污染，包装过程和环境的洁净度要高。选择适合的载体很重要，不同的菌剂需使用不同的载体。载体的理化性质也是需要重视的。载体最好经灭菌和干燥处理。芽孢杆菌保存（含水 5%左右）保质期相对较长，杂菌污染少。非芽孢杆菌湿度太低有影响菌含量的可能性。水分在 10%以上染霉菌的可能性会增加。有的企业采用抽真空或充氮保护措施，少量产品可以，大综产品是否可行，其效果尚无统一的定论，有待长期跟踪观察。

不同的造粒方式也会影响保质期。凡是与较多有机肥一同造粒的保质期较长，添加化肥多的保质期要短些。与化肥共同造粒采用保护措施的保质期较长，避免造粒高温烘干流程的保质期较长。挤压造粒中有机成分多的保质期长，无机成分多的保质期短。滚动造粒干燥后喷涂菌剂的保质期相对较长。离开工厂后，除了提供阴凉干燥的贮运条件外，还应避免日光暴晒。（黄为一）

60. 生物有机肥的生产过程与常规的有机肥有何不同?

生物有机肥工厂化生产一般都经过规范的发酵过程。工厂化生产有机肥都选择腐熟效率高的非病原发酵菌种进行接种，然后经过科学稳定的发酵过程生产出优质的有机肥。生产过程可控、快速。施用这种有机肥病、虫、草害少。传统农家有机肥生产不接菌种，让可发酵有机物以环境中固有菌群进行发酵堆制，生产时间长，菌群和发酵过程无法控制，由于堆制时病原菌同步生长，肥堆外围温度多在50℃以下，病菌、虫卵、杂草种子无法杀灭仍然存活，产品质量比较差，施用于农田后病、虫、草害较多。

生物有机肥的生产是将工厂化经腐熟菌剂发酵生产出的有机肥中，添加田间具有某些特定功能的微生物，如固定氮素、溶解磷化物、溶钾保钾、提高中微量元素利用率、预防某些病害、提高作物品质等的微生物，不再二次发酵。

多数企业经过复合后，为了提高微生物菌剂的菌含量和与有机肥的相容性，往往在已生产出的有机肥基础上再添加一定的营养，接种具有某种特定功能的微生物菌种进行二次发酵，提高生物有机肥的品质，强化该菌种在使用中的特定功能和环境适应能力。

也有一些企业采用有机肥腐熟发酵的过程中，同时接种某种在田间发挥作用的微生物与有机肥腐熟过程一道发酵，省去二次发酵。采用这种方法的，应注意接入的某些在田间发挥作用的微生物菌种与有机肥腐熟菌的相容性。还要注意，加入的在田间发挥作用的菌种是否耐受有机肥腐熟过程中的高温。

一般来说生物有机肥的品质和功效比常规有机肥要好。（黄为一）

61. 固态生物有机肥的生产工艺设备有哪些？各有什么优缺点？

利用农业废弃物制备生物有机肥最主要的工艺过程是发酵。发酵效率的高低，生物有机肥的质量好坏与设备密不可分。发酵设备主要有以下5种类型。

（1）平面条垛式翻抛：物料置于水泥地坪，根据温度变化不定期地以自由走动的翻抛机翻拌并堆积成垛。自由走动翻抛机一般由拖拉机配上滚动翻抛齿改装而成。动力大多是柴油，翻拌成本高。由于堆垛低，摊置面积大，土地利用率低，目前仅在交通不便，能提供大量土地供其翻拌的地区采用。平地条垛式翻抛最不利因素是保温困难。只有广东、海南等少数南方地区可以全年生产。在南岭以北或长江流域冬季会有2个月至4个月因温度不够而发酵不透或根本不发酵的现象发生，难以满足养殖业每天有大量排泄物需要及时处理的要求。养殖业排泄物不及时处理将会污染大气，给周边居民生活质量造成极大的负面影响。此技术的优势是易上马、投资少、水分蒸发快。缺点是占地面积大，不保温，动力成本较高，粉尘大，劳动条件较差。

(2) 塔式多层翻斗发酵：此工艺将需处理物料运至高塔最高端翻斗中，经一定时间发酵后倾出物料至下层翻斗。依次逐层翻斗发酵，逐层翻转直至地面，发酵完毕。翻斗个数根据发酵时间长短和需氧情况而定，一般5～8层翻斗。该工艺的优点是节约土地，动力消耗低。缺点是碳钢设备易腐蚀，用不锈钢翻斗可克服腐蚀，但造价高。该工艺最大缺点是臭气漂浮远，空气的污染难以解决，极大地影响了周边相当大范围内的空气质量。

(3) 槽式发酵：槽式发酵分为静态槽和动态槽（即物料在槽中不动为静态发酵，物料在槽中随着物料的翻拌向一个方向移动为动态槽发酵）。静态槽因效率低、能耗高已逐步被淘汰。动态槽是以砖砌成1米多高的槽墙，槽墙之间相距数米，槽长约60米左右，就可保证充分发酵和物料干燥。槽墙中应配有钢筋以防进料后因物料张力造成墙体外移。翻拌机置于槽墙之上作来回翻抛。如果定向翻抛，物料随翻抛方向定向移动。随着翻抛的进行，向物料输送充足的氧气，使物料中的微生物呼吸充分，减少异味产生。到了发酵后期，由于发酵热的作用可以使物料逐步干燥，达到国家肥料标准的水分要求。省去了烘干设备和烘干过程，节约了能源和人工成本。该工艺的优点是劳动力消耗低，易于操作，效率高，1～3人可以操纵全厂数百吨物料的进料、翻拌、出料等操作。另外，就是保温好，大江南北、黄河流域的广大地区全年可以发酵生产。即使在高寒地区，可以挖地槽代替槽墙，既保温又节省了基建材料费。槽式发酵易实现物料一条龙处理，从原料预处理，如破碎、配料到调节 pH，经主发酵到干燥，筛分到称量到包装都可在一条生产线上完成。槽式发酵的缺点是需要一定长度的土地。在土地长度受限的地区，在主发酵结束后应运入仓库保存一定时日让其进入后发酵，以使产品质量得到保证。缺点是开始建厂时需增加一次性建槽成本。

（4）透气不透水棚布覆盖堆垛中心管道鼓风发酵：该发酵是在多孔管道上放置物料形成堆垛，对管道鼓风使发酵物料呼吸达到发酵目的。该发酵工艺需要在堆垛外覆盖透气不透水材质的雨布，以防雨天淋湿，同时可防止灰尘飞扬造成的污染。该方法的优点是不需要建屋顶可露天操作，但需要透气不透水雨布覆盖，具有此功能的雨布造价高。缺点是动力成本高，保温差，没有物料翻拌，发酵菌体与物料混合差，在有冬季的地区不能全年生产。由于堆体不高，占用土地面积大，土地利用率低。

（5）发酵罐式反应器发酵：该发酵工艺是从液体发酵罐中受到启发，利用与液体发酵罐相似的装置进行固体发酵。发酵罐有两种，一种为静态，与直立液体发酵罐相似，可以开口，可以封闭，但都需要较大的功率搅拌，还要通风；还有一种是罐体本身可以滚动，为了避免物料外泄和纯菌发酵多为封口鼓风。此工艺的优点是土地利用率高，发酵配上加温易于控制，发酵时间较短。缺点是投资成本高，厂房、设备价格高。另外能耗高，维持成本高，不太适合于农村废弃物处理和大综肥料生产，仅适用于利润高的精细发酵产品生产。一般需要后熟过程，占用一定的厂房。

以上各种发酵工艺在建厂房时宜用透明塑酯瓦，不适合用彩钢瓦。透明塑酯瓦利于阳光透过，对物料加温干燥有利，也不易锈蚀，一般使用年限可达 15 年以上。彩钢瓦不透光，升温慢，特别易腐蚀，一般 3～5 年就锈蚀了。我国大部分地区在北回归线的发酵厂房宜南北走向，有利于光照加温和采光时间。厂房内的地坪，可依据所选地块地下水位高低决定是否做水泥地坪。地下水位高，

甚至地坪有水渗出的地块宜用水泥浇注密实地坪。地下水位低的不做水泥地坪也可，仅将土夯实夯平即可。（黄为一）

62. 生物有机肥生产过程中最重要环节是什么过程？有什么简单易记的口诀？

生物有机肥的生产最重要环节是发酵过程。如果将原料粉碎后不经发酵直接造粒就拿去出售，这种产品没有肥效，加工过程仅是一个机械过程，产品可以很漂亮，用于田间还易造成病虫草害。到了下茬翻开土壤看看，这种劣质颗粒还在。

发酵过程是一个微生物增殖的过程，微生物数量增加，分解有机物的能力就增加，对植物生长不利的有机物，甚至会烧苗的物质在发酵过程中被分解。微生物数量的增加有利于植物生长和植物品质提高，也有利于植物抗性等一系列生物活性物质的合成。发酵过程中产生的热量，还有利于发酵后期肥料中水分的挥发。省下肥料企业用于干燥的设备、能源、人力。

要使发酵过程顺利进行，只要记住中国人常说也爱说的“六六大顺”这句口诀就可以了，发酵产品质量基本得到保证。六六大顺的主要内容是：发酵原料的水分含量60%左右，发酵的温度60℃左右，发酵pH6左右，发酵时间最少要在60℃左右保持6天以上。

发酵时间6天以后应该还要配上后发酵（即陈化过程）的时间，才能达到完全的发酵。用于土壤改良的，例如板结土、沙化土改造，而又不立即播种的田块，发酵6天的肥可以直接下田，到田中继续腐解。当生产质量高的生物有机肥时，则需要延长发酵时间使之完全发酵，并通过发酵热使水分挥发达到含水30%以下的合格商品，发酵全过程在20天左右。（黄为一）

63. 农村生产生物有机肥控制指标主要有哪几项？如何测量？

农村生产固态生物有机肥最重要的控制指标包括水分含量、温度和 pH。如果能控制这三项指标，发酵过程和干燥程度就能顺利进行，使产品质量基本达到要求。温度测定可选压力表式温度计，可以插入堆料的不同深度测定不同深度的温度。压力表式温度计表头数字显示清晰，易于较远距离观测。pH 的测定可用医药公司出售的 pH 试纸，当发酵堆料潮湿时可用 pH 试纸直接与料接触测试。当堆料较干时，必须用纯净水拌湿堆料后测试，或将堆料放入纯净水中摇匀，然后测定此水的 pH，测得的 pH 应在 6.0～7.0。

发酵料的含水量测定比较繁杂。首先称一定量的堆料，并记录下重量，然后放入烘箱烘干，至烘后重量不变为止。没有烘箱的可以用小火在锅中慢炒，炒至重量不再减少为止，然后再次称重并记录。将原始重量减去烘干后重量，再除以原始重量计算得出水分含量，一般以百分比表示。需注意此过程不能炒焦。堆料水分含量一般控制在 60%左右，易于发酵。控制水分在 60%左右的简易方法是：用手抓湿堆料，用力握紧，似乎有水滴出，但又没有水滴下，手感十分潮湿，此时的堆料含水大概在 60%左右，此法欠精确，只是估计的测定方法。发酵至堆料水分下降到 30%以下为合格产品。若是用液体菌种发酵应该让拌有液体菌种的堆料总水分含量控制在 60%左右；若是用固体菌种，发酵堆料的水分也应是加菌种后的控制量，即 60%左右。发酵前应将原料、水、菌种拌均匀，让其发酵升温，使堆料温度升至 60℃以上，维持 6 天以上。温度如果上不去可继续翻抛，每次翻抛后观察温度上升情况，南方一般静置 2 天温度就上升，北方静置时间随季节不同而不同，秋冬季节有时需 5～7 天才会升温。如果达不到 60℃，则继续翻抛后观察温度上升，直至 60℃维持 6 天以上。如果堆料达 60℃又有 6 天以上，视干燥程度继续翻抛，每翻抛一次水分都有不同程度的下降，直至含水达 30%以下为合格成品。

生物有机肥还有一些指标需测定，比如有机质、碳氮比、氮、五氧化二磷、氧化钾等。建议送当地土肥部门实验室测定。测试过程需要收取一定的费用。生产能力达到年产 5 000 吨至万吨的水平、财力又允许的村办肥料厂也可购天平、烘箱、消化装置及定氮

仪、滴定管、三角瓶、烧杯等，建一个从原料到产品全程控制的化验室，对企业发展是有利的。（黄为一）

64. 什么情况下生物有机肥需要造粒？造粒过程需要注意什么？

回顾肥料造粒的历史，肥料原来是不造粒的，几千年来没有造粒的记载。肥料造粒的习惯是来自于化肥，一方面是为了使化肥利用率提高，让养分缓释减少流失；另一方面是为了施肥好操作，便于机械化施肥，同时也使肥料产品美观便于销售。生物有机肥一般不需要造粒，特别是吸附大量菌体的固态微生物肥料不宜造粒。即使在造粒有机肥外面喷活性微生物，造粒或喷菌烘干过程都会损失相当数量的活性微生物。工厂造粒一般是要往肥料中添加黏合剂，如黏土，使得产品的肥力被稀释。造粒过程是要增加人工、动力等成本的，为了美观，往往造成产品销售价格升高。

生物有机肥可以促进土壤疏松，其中的微生物也需要疏松的环境才能有较地发挥作用。造粒过程对微生物是不利的。我国施肥过程大多采用覆土农艺操作，所以不造粒生物有机肥直接施入土壤是合理的农艺措施。最能体现生物有机肥肥料特性的果树、蔬菜、茶叶等都是施肥后覆土。因此凡覆土施肥的农艺过程，都不需要造粒，直接使用分散的生物有机肥，农作物品质和产量上都可获得满意的效果，而且节省了造粒成本。不造粒肥料售价比造粒肥料售价低。在需要改良土壤性质的大田作物上使用不造粒生物有机肥效果也很好，性能价格比也很高。

生物有机肥在大多数情况下不需造粒。需要造粒的只有3种情况：一种是施肥过程随机械化播种同时进行的大规模机械化作业，一般覆土不完全或不覆土，未造粒生物有机肥易被大风吹至田块一侧造成施肥不均。将生物有机肥造成易于机械化施用的圆形颗粒。二是水田施肥，未造粒生物有机肥未犁入土壤就放水插秧，造成生物有机肥浮于水面，随风荡漾造成肥效不匀，使用颗粒肥可使颗粒肥均匀地沉于水底。三是有机无机复混肥在生产过程中需要造粒。由于有机无机复混肥中的化肥比有机肥重，两者比重不同，若不造粒复混于同一包装袋中，在贮运过程中由于翻转常使化肥与有机肥分层，无法均匀使用。

喜欢造粒的农民一般觉得造粒的生物有机肥漂亮，外观好看，又黑又亮，误以为这种肥像药丸，技术含量高。同时还受所谓的传统经验影响，认为肥料又黑又有臭味才是好肥料，经过机械加工的更是好肥。殊不知这是对沤肥的朴素认识，沤肥要经过长时间沤制，达到又臭又黑后才算沤制成功。品质好的生物有机肥应该是经过发酵的呈深咖啡色，而且不臭。机器加工只改变形状，并不改变肥料性质。如果一味追求黑色具臭味的肥，对于生产商很易做到，只要发酵不充分就臭，凡臭的肥料都是在不断地挥发并导致有效成分的损失。喜欢黑色的就多掺煤粉，喜欢亮的多掺黏土多抛光多滚几圈就能实现。有些因添加材料过度，施用于田间过了一个栽培季节仍然原样躺在土里。可见，造粒肥既提高了价格，并没有增加肥效。对于施肥过程采用覆土农艺的，施用不造粒的生物有机肥是最合算的。覆土农艺过程中使用造粒肥的只是多花钱，形式上漂亮好看而已。（黄为一）

65. 生物有机肥生产中如何选择有机物料?

可燃的含碳化合物都是有机物料。在我们周围易获得的有机物料主要有以下几类：一是大量存在的生物来源的有机物，生物类废弃物是造成环境污染的重要因素，却是制造生物有机肥的最好原料。二是矿化了的有机物料，主要是含有腐殖酸的煤炭。煤炭几乎没有肥料效应，大家都知道煤炭上是长不出庄稼的。但是其中的腐殖酸具有一定的肥料效应。煤炭中的腐殖酸由于矿化作用，它们处于闭锁状态必须经过活化过程才有肥料效应。例如一些煤炭企业将含腐殖酸的煤粉做成腐殖酸钾就是非常好的肥料。这个过程通常是经物理化学过程实现。通过微生物过程也有少量的腐殖酸游离出来，但需要很长的时间。有人在研究缩短生物处理时间的方法，但直至目前尚未获得有实际应用价值的进展。三是化学合成的有机物，例如大量的塑料废弃物，它们是环境污染的重要来源，但又不能作为生物有机肥的原料。要解决合成塑料类的污染目前只能在再生利用上做点文章，或是焚烧。有报道说某种虫子吃塑料，其胃中有消化塑料的酶，但愿早日有实用价值。

生物来源的有机废弃物是生物有机肥的最佳原料。生物有机肥的使用又是解决生物源污染的最佳出路，实现了人类生活与自然生态的大循环。生物来源的有机物非常丰富，主要有种植业和养殖业产生的废弃物以及农副土特产品加工业产生的废弃物。生物来源的有机废弃物是很好的原料，但有些还需注意其自身的特点和不足。例如水稻种子外壳俗称大糠，用于有机肥原料很难发酵分解成植物营养成分，但是它又可作为疏松剂，与其他原料混合有利于透气便于微生物呼吸。具有类似性质的例如椰糠，本身很难分解，适合于加入黏稠的物料发酵，增加透气功能，施于田间有利于板结土改造。

有些生物源废弃物营养很丰富，但副作用大不宜乱用。如药厂提取抗菌素后的渣子，蛋白质等营养丰富，使用这种渣子做肥料有造成抗药性菌株的风险，不宜使用，还是在锅炉里烧掉较安全。同样超量使用抗生素的畜禽粪便应限用，需从源头控制畜禽养殖不能滥用抗生素。（黄为一）

66. 被病原菌污染的有机物料能用于生物有机肥的生产吗？

被病原菌污染的有机物料（原料）不能用于生物有机肥料的生产。但自然界中许多有机源或多或少地带有病原微生物。例如染了病害的植物秸秆和藤蔓一般都采用焚烧的方式以免下茬作物再次发病。现在为了保护环境禁止秸秆焚烧，如何处理染病秸秆呢？养殖业产生的大量畜禽粪便，特别是染病后的畜禽粪便更需要无害化处理。最好的办法就是将这些染病的有机源集中起来，经充分的发酵，就能使污染的废弃物变为有用的肥料，并避免病害的扩大传染。

发酵过程是在有一定水分的条件下升温的过程。大多病原微生物在60℃左右都会死亡，即使遇到高温处于休眠的芽孢杆菌虽然可短暂耐受高温，但发酵过程是在有水条件下由低温到高温的过程，形成芽孢的菌体在有水和20～30℃时都会萌发，萌发的生长体不能抵抗高温。当发酵温度上升到60℃以上都会死亡。抗热的芽孢形成需要干燥的环境，在潮湿的发酵环境中的病菌无法形成芽孢。总之，用发酵法处理带病菌的有机源制成的有机肥不再带有病原菌，长期使用发酵充分的有机肥，庄稼、果树等病害越来越少，农药使用量越来越少，农产品品质越来越高。成本投入少，市场收入高。

在生产微生物肥时常常需要载体吸附菌体，不清洁的载体甚至有时会污染上病原菌。为了保证菌种的洁净度必须对菌种载体进行蒸汽灭菌，在没有蒸汽灭菌条件的情况下，可以将载体充分发酵后再使用是一个不错的方法，可以免去蒸汽灭菌步骤，又可防止疾病的传染。（黄为一）

67. 如何减少生物有机肥生产中的臭气和异味？

由于长期形成的直观认识，大家都认为农业废弃物、日常生活环境中的废弃物、餐饮业厨余、食品加工厂的垃圾、各种生物的排泄物都是臭的或存放后都会发臭。认为臭气（异味）是这些物质天生的特征。事实上这些废弃物绝大多数本来都不臭，而是染上各种微生物经繁殖后所产生的臭味物质。随着人们生活水平的提高，对环境的要求越来越高。人们通常对散发着臭味的物质避之不及，或用封闭方式予以隔离。管理部门对有机类废弃物处理单位以及有机类肥料生产企业提出强制要求，需要安装隔离封闭装置，并配备高耗能的物理淋吸装置如鼓风、喷淋等，再配上不断消耗吸附材料

（如活性炭等）的化学除臭装置。这些除臭设备价格不菲，运营维持成本都很高。虽然建设时按管理规定购置了设备，但仅在督查时才开启运转的现象时有发生。物理和化学的方法都立足于将已产生的臭气除掉，而且隔离除臭装置和不停更换的吸附剂看得到摸得着，受到大多数人的青睐。物理和化学消除臭气的思维仅仅停留在除臭，而没有思考臭气怎么产生的。可通过调整微生物代谢途径少产臭或不产臭。

微生物方法就是解决不产臭的一条行之有效的道路。关键是如何着手，如何用好此方法。在自然环境中到处弥漫着各种微生物，微生物比各种动植物先来到这个世界上，它们行使着物质转化的功能，由于它们的辛勤工作，维持了生态环境的良性循环。微生物担负着分解有机废弃物的功能，微生物在行使此功能时，有多种方式，最主要有两条道路，一条是不需要氧气的厌氧道路，另一条是需要氧气的好氧道路。厌氧道路上大多数中间产物都有不愉快的气味（臭味），而好氧道路上的产物大多没有臭味。如果让微生物不走厌氧道路，只能走好氧道路就不产生臭味。所以调控微生物代谢途径是消除臭气的关键。

减少乃至不产生臭气的措施主要有以下几点：①控制养殖业排泄物臭气，首先从畜禽肚子抓起，可以在饲料中添加酵母、乳酸菌，排便臭气将大为减轻。②勤于清理畜禽粪便，决不设粪便收集存放池或堆积场长时间存贮以便销售粪便。打扫出的粪便最好在当日投入发酵装置（发酵槽、发酵池等），并拌和发酵菌剂。③少采用泵打水冲洗的方式收集粪便，这种方法稀释了粪便，也增加了去除水分的成本。有的企业采用干湿分离机处理，结果含有营养成分的液体流失污染水域，而从干湿分离机获得的所谓干组分失去了相当多的营养，用干组分制作的肥料质量大大降低。收集水冲粪的液体粪便收集池则整天散发臭气。若过去建厂时不得已采用了水冲方式，只能将液体粪便输入沼气发酵池，让其密闭厌氧发酵产生沼气，以及沼渣沼液。④进入发酵槽的畜禽粪便在添加菌剂后应及时翻抛，供氧充足的情况下不会产生臭味。⑤采用发酵床技术养殖的场所，应及时添加菌剂，增加翻拌发酵床次数；采用空松的不易分解的如稻糠、椰糠、锯屑等作发酵床垫料，臭气将大幅降低。⑥采用非畜禽粪作为原料，如大棚藤蔓、食品加工废渣、食用菌采后基质（有的地方称废菇棒）、秸秆、餐厨垃圾等做原料的同样只要注重通风，增加翻抛次数，及时添加菌剂都不会产生影响环境质量的臭气。⑦采用农家土杂肥添加豆浆红糖和推销菌种混合后再行堆制的方法应慎用，往往因通气不足产生臭气外，还因收集的土杂肥中带有的病菌一道繁殖，造成庄稼病害严重，实际中甚至因菌剂中带有条件致病菌，致使儿童和老弱者患病的事件，应引以为戒。（黄为一）

68. 用做微生物肥料载体的有机肥杂菌含量太多怎么办？如何克服？

有机肥是微生物非常好的载体。它为微生物提供了丰富的营养，而且为微生物提供了合适的生长环境。微生物在降解有机肥中尚未降解的有机物，为植物提供了许多小分子有机活性物质，微生物在这个代谢过程中，同时还能合成分泌许多对植物有利的小分子活性物质。

如果将杂菌太多的有机肥，用作生产微生物肥的载体，生产出的产品往往达不到生产标准，成为不合格产品，甚至造成农田病虫害的增加和农药成本的上升。有机肥中杂菌多有以下三方面的原因：

一是有机肥原料存放时间太长，周围环境太脏，污染杂菌太多。用作有机肥的原料，如畜禽粪便堆积的时间越短越好。堆积的时间越长杂菌越多，蚊蝇臭气造成环境恶化。出栏的畜禽粪便应及时处理进入有机肥生产环节。如果实在没时间处理，就必须堆沤半年以上，进入厌氧状态杂菌才会减少。

二是在聚积农家肥的过程中时间长，原料杂，环境差，收集的带有上茬病原菌的秸秆混杂其中，病原菌跟着大量繁殖。

三是有机肥制造过程中发酵时温度不够，搅拌不充分所致。温度长时间处于60℃以下，致病菌、虫卵、杂草种子未能杀死。搅拌不充分造成发酵温度不均，有的地方温度过高，有的地方温度较低，杂菌丛生。要避免杂菌太多有机肥的发酵过程十分重要，发酵必须达到一个确当的温度，以便杀死病原体。但是发酵温度过高可能造成发酵基质自燃，这是应该避免的。发酵基质自燃一般都是因为基质过分干燥，温度太高引起的。（黄为一）

69. 生物有机肥如何避开太阳暴晒?

生物有机肥的功能主体是活的微生物，长时间的太阳光照射会杀灭多种微生物，在储运和使用过程中一般需避免太阳暴晒，特别是液体菌剂害怕长时间暴露于日光之中。非芽孢菌剂比芽孢类菌剂更易受日光的伤害。固体生物有机肥施于植物根部，应及时覆土。液体生物有机肥除了像固体生物有机肥一样可施于植物根部并及时覆土外，还可蘸根、滴灌、喷施。

为了提高液体生物有机肥的使用效果，喷施应该注意以下几个方面：①喷施时间应在下午。②应避开喷施后的大雨冲刷。③叶面喷施应主要喷在叶子背光面，叶子正面多细毛不亲水，使液体不易附着。背光面易附着，效果好。④有些果蔬类作物在开花时喷施并未出现影响授粉的现象，还有保果作用，如桂圆、荔枝、番茄、辣椒等。西瓜、草莓花后现果时继续间歇喷施能提高甜度。对苹果、梨等果树直接喷施应避开盛花期授粉过程。（黄为一）

70. 生物有机肥生产如何避免经济亏损?

农村生产生物有机肥一般利用农业废弃物经微生物发酵，制得含多种微生物的有机肥。农业废弃物主要是畜禽粪便和秸秆。在水资源丰富的地方，养殖场常使用水冲的方法清理畜禽粪便。有自来水的接上自来水冲洗粪便，没有自来水的在池塘边装上水泵冲洗粪便。冲洗出来的水大量流入河塘污染环境。有的将粪便收集起来存放在土池中任其沤制，臭气冲天，聚集运至有机肥料厂做原料。使用水冲粪做原料一定亏本。原因：①是用水冲粪导致原料含水至少90%以上，高的甚至达95%以上；②运输水冲粪花费的柴油是一笔不小的开支。有些肥料厂采用固液分离设备浓缩水冲粪，实际效果很差。因为水冲粪分离出的固体含养分很少，大量含养分的水分离出来并被排放于河池之中，造成污染。分离出的废水由于所含的养分浓度低，分离成本很高。因此，肥料加工厂要避免经济亏损，必须避免以水冲肥做原料。一般动物饲养刚排出的粪尿总水分含量在65%～75%之间，即用能堆放的粪经发酵制成有机肥都有较好的经济效益。水冲粪中大量水都是为了省事人为地加进去的，且在存放中会厌氧发酵，损失大量氮素，装于拖拉机拖斗中会产生摇晃，其水分含量都在85%以上。水分80%以下的原料一般掺拌部分粉碎秸秆就能达到发酵最佳含水量60%，采用能堆放不会流淌的原料肯定有较好的经济效益。（黄为一）

71. 有机肥腐熟度与稳定性有什么关系？

有机肥腐熟度与稳定性是个相对的数值。有机质矿化是腐熟度与稳定性变化的全过程。有机肥在腐熟过程中不断产生小分子植物营养物质，如有机的氨基酸、寡糖、抗生物质等，同时产生被矿化了的无机营养物质如氮化物、无机磷化物、氧化钾、微量元素等。相对稳定的有机物是腐殖酸类物质。由木质素类经分解和合成作用形成的腐殖酸类物质，再经缓慢的氧化最终都形成了二氧化碳和水。有机肥腐熟过程既是有机物分解过程与矿化过程，也是小分子生物活性物质的形成过程。所形成的活性物质包括植物激素类、植物保护类、物理性状调节类（如保水保肥的胶体物质）及其他功能的小分子碳化物等。在这个过程中微生物菌群发生不断的变化，代谢产物也在不断地变化，很难用一个稳定的指标描述一个不断变化的过程。因此，以一个综合的指标表述可能更适合。

因为腐熟度和稳定性都是一个相对的阶段性进程，目前各种检测方法大都显示单一指标，缺乏综合性，都存在一定的不确定性。比较简单而又实用的方法有：发芽率测定、温度变化测定，其他如C/N测定、氨氮/硝氮测定、呼吸耗氧测定、光谱分析、生物活性分析等仅能作为某个方面的科研工作的测定方法，既费事又不全面，实用性不强。测定发芽率和测定发酵过程中温度变化是检测生物有机类肥料综合质量简易而又实用的方法。

发芽率测定：一般要求与对照样本比较，达到80%就为合格。温度变化测定：一般要求在含水45%左右的条件下，隔热比较好时，观察6天温度是否有明显的净增长，没有显著净增长为合格。这两个方法简便，没有什么耗材，而且综合性较好。（黄为一）

72. 机械化作业的农区如何将秸秆处理与生物有机肥生产相结合?

机械化作业的大农场过去多将大量秸秆打捆运出田间地头作燃料，或是在田间一把火烧掉，既省事又减少来年病虫草害。近年来重视环境保护，不主张焚烧秸秆。由于多年连续施用化肥和焚烧秸秆，土壤有机质得不到补充，土地沙化严重，甚至土壤肥沃的东北黑土地也出现沙化。防止沙化的最有力措施就是增加土壤有机质，秸秆还田和使用生物有机肥料。不少大型农场采用了秸秆原位还田措施，即收割时将秸秆打碎，埋入土壤中，有的还喷了秸秆腐熟菌剂，获得一些进展。由于我国是一个土地利用率很高的国家，不可能长期休耕，北方土壤温度很低，喷入的秸秆腐熟菌剂在漫长的冬季无法发挥降解作用。到了开春地温上升，秸秆开始降解，但此时正逢春播发苗期，由于秸秆原位还田，田间的C/N比高，苗期表现出氮肥不足，苗普遍发黄的现象。另一方面，由于地温低秸秆不能发酵，原位还田的措施不能杀灭上茬留存在秸秆中的病菌、害虫卵、杂草种子，不能减少农药的投入。以上状况造成原位还田在大型农场推广缓慢。克服以上原位还田不足之处的方式是将秸秆田外投入专门发酵槽使其发酵，但是收获打捆后的秸秆搬到田外投入专用槽是需要不菲的燃油费用和劳务成本的。

如果在能源和人员都能保证的情况下，还是采用田外投入专用槽的方法能彻底解决秸秆还田问题，避免焚烧，既能增加土壤有机质，又可减少病虫草害。在地下水位不高的地区采用就地挖槽，配置翻抛机，上覆双层透明聚酯瓦冬季可以维持发酵。地下水位高的地区宜用水泥混凝土槽代替就地挖槽。为了使有限的发酵槽服务于大面积的田地，可以在槽中完成60℃以上仅维持一周的前期发酵，把完成前期发酵的物料从槽中取出，施于田间覆土，让后发酵放到田间去完成，这是一个解决大农场大量秸秆还田的有效方法。在一些多年使用田外发酵有机肥的田块，其病虫草害减轻了，可以与原位还田的方法轮流使用，从而减轻田外入槽发酵的负担。（黄为一）

73. 怎样的产品标签标识才算符合要求？

目前在市场上，不少的微生物肥料产品标签仍未按照农业农村部批准登记时核定的内容进行规范标注，尤其是近年来一些新登记的产品标签标识问题更为突出。它们主要表现在以下3个方面：一是产品功能的无限夸大，简至是无所不能。所有目前农业种植中的障碍难题，使用该产品均能解决，如某一由枯草芽孢杆菌和地衣芽孢杆菌组成的菌剂产品，宣称它具有“固氮”、“解磷”、“解钾”、“活化土壤”、“抗板结”、“抗病”、“抗旱”、“抗重茬”、“免深耕”和“提高养分利用率”等“全功能”（每亩仅用2千克）。二是冠以高新技术和各种新产品奖的幌子。如有一个普通的微生物肥料产品，标榜所使用的菌种是“高能生物活性菌”，该产品荣获“国家重点新产品奖”以及“XXX奖”等多种至高无上的荣誉。三是商品名的违规使用。如某一产品将其商品名标注为“配肥宝”，还有用“新、奇、特”等商品名称。这些问题的存在，已严重扰乱了微生物肥料市场，误导了消费者，若不加以规范，必然会影响到微生物肥料行业的健康发展。

近几年，尽管国家和地方相关执法部门安排了一些肥料的监督检查专项工作，但从监督力度和检查范围来说，均无法达到遏制肥料产品标签标识混乱的现状。即使在市场上被执法人员查到或由客户举报，这些违规企业被罚款的额度也不足以震慑其违法行为，即企业的违法成本太低，导致这些监督检查效果达不到规范市场的目的。

鉴于肥料标签标识的重要性，提出以下5条具体的做法：一是应严格按照《农用微生物产品标识要求》（NY 885—2004）去规范产品的标签标识。二是使用的商品名称应遵循《限用词库》的规定，以避免带有误导和“擦边”的商品名称的出现。三是涉及菌种功能定位方面，以《微生物肥料生产菌株质量评价通用技术要求》（NY/T 1847—2010）为依据，企业只有在出具相关的实验数据或研究证明资料后，方可确定菌株的某一个或某几个方面的功能。四是在登记过程中加强标签标识审核，将审核后的标签内容和式样在农业农村部相关的肥料登记信息网中及时发布，便于社会各界查询和监督。五是强化标签标识的监管和处罚力度，增加微生物肥料产品标签标识查处的频率和范围，将查处结果向社会公布，提升监管的震慑力。（姜昕、李俊）

74. 企业化验室要配备哪些条件才能对产品进行检测?

要保证企业出厂的产品合格，企业必须具备微生物肥料产品质量检验能力，配备专业质检人员和相应的检测设备。要求有专用的微生物肥料产品质量检测室，配备显微镜、灭菌锅、超净工作台（或洁净室/无菌室）、摇床、培养箱、干燥箱、冰箱等主要设备。质检人员要有微生物学知识与技能培训教育背景，具有一定的实际操作水平，尤其是了解生产菌株的特性，能识别和辨认生产菌株。农用微生物菌剂生产中所涉及的生产环境、生产车间、菌种、发酵增殖、后处理、包装、储运及质量检验等技术环节可按照《农用微生物菌剂生产技术规程》（NY/T 883—2004）的要求，做好从菌

种→活化→扩大→发酵增殖→后处理→包装→产品质量检验→出厂等技术环节。(李力、李俊)

75. 根瘤菌剂产品是否存在适用范围?

根瘤菌剂产品存在适用范围。单纯从共生结瘤固氮这个功能来讲，根瘤菌只适用于豆科作物，并且一种根瘤菌通常只适用于一种或少数几种豆科作物。那些宣称某种根瘤菌能够在非豆科作物上结瘤固氮的说法是不正确的（唯一的非豆科结瘤固氮现象是根瘤菌可以在南太平洋小岛上的一种榆科植物上实现结瘤并固氮）。为了获得最佳固氮效果，最好是将根瘤菌用在相应的豆科作物上，例如大豆根瘤菌用于大豆接种；花生根瘤菌用于花生接种；苜蓿根瘤菌用于苜蓿接种；豌豆根瘤菌用于豌豆接种；甘草根瘤菌用于甘草接种。

根瘤菌在非豆科植物根系上定殖能力也比较强，容易形成优势群落，很多根瘤菌菌株能够产生刺激植物生长的代谢产物。利用根瘤菌的这些特性，把根瘤菌作为促进植物生长的微生物肥料用在非豆科作物上也是可行的，例如根瘤菌可以在水稻、小麦、玉米等大宗粮食作物根系甚至是组织的细胞间定殖，具有一定的促进生长的作用，属于 PGPR 的范畴，但其作用机理不是共生固氮。在我国任何宣称根瘤菌在非豆科作物上结瘤固氮的说法都缺乏科学依据。(杨国平)

76. 根瘤菌剂能够为作物提供多少氮肥?

根瘤菌与豆科作物共生固氮的效率是所有生物固氮体系中最高的，能够为寄主作物提供大部分所需氮素营养。美国在种植大豆、苜蓿、豌豆、花生等豆科作物时普遍不施氮肥，这些作物的氮基本来自根瘤菌固氮。人们通常用同位素标记$^{15}N_2$或$^{15}NH_3$来追踪豆科作物体内氮的来源，并根据这些数据得出多少氮来自空气，多少氮来自化肥，这些数据是否反映事实真相还有待商榷。如果换一种计算方法，结论也许不一样。美国大豆主产区实行玉米/大豆轮作，种完玉米后土壤中总会有一定量的氮肥存在，播种时不施氮肥，大豆在苗期自然而然不可避免地会利用土壤中的这部分氮肥生长，根瘤开始固氮后就从空气中获取氮素营养，保障大豆开花结籽。在整个生育期都没有氮肥投入，大豆收获后土壤中的氮肥水平不仅没有下降，反而多了 30 磅①纯氮/英亩②。美国农场主在种玉米时，如果前茬是大豆，他们就会少施 30 磅纯氮的氮肥。这就是说，大豆在苗期“借”了一些土壤中的氮肥，后来不仅全部还清了“借”的那部分氮，每英亩还多还了 30 磅纯氮。(杨国平)

77. 根瘤菌剂产品有哪些剂型?

根瘤菌肥的商业化生产历史始于 1898 年，已有 120 余年的历史了。经过漫长的生产实践，根瘤菌肥的制剂类型发展比较齐全，在农业微生物产品中具有很强的代表性，了解根瘤菌剂的剂型就基本了解了微生物菌剂的制剂类型。

根瘤菌最早的剂型是实验室斜面菌种的放大版，就是在瓶子里面装培养基斜面，在斜面上接种根瘤菌，待菌长满后就卖给农户，农户将菌苔用水洗下来接种到豆科作物种子上。这种方法显然难以满足大规模应用的需求，使用起来也不方便。

后来发现根瘤菌附着在某些载体上，存活时间明显延长，其中效果最好的是草炭粉末。一般的根瘤菌吸附在草炭上，菌数可达 1 亿～2 亿/克，货架期达 6 个月左右，这种技术进步才使根瘤菌实现了真正意义上的商业化生产。由于条件的限制，这个时期的草炭载体未灭菌的，产品中除根瘤菌外还含有大量杂菌。

后来固体大规模灭菌技术的出现，使得草炭灭菌变得可行，于

---

①② 镑和英亩为非法定计量单位，1 镑≈453.6 克，1 英亩≈4 046.86 米^2。——编者注

是就出现了无菌草炭载体。现在主要是用^{60}钴伽马射线辐照灭菌，也有用高能电子束灭菌。在中国还有高压蒸汽对草炭进行灭菌，但能耗高，灭菌后有水分，灭菌效果难以保证。草炭载体灭菌后由于消除了杂菌竞争，根瘤菌的数量可达10亿/克。

为了适应某些播种机械，又开发出根瘤菌颗粒剂，颗粒载体的种类有泥炭颗粒和黏土颗粒以及石膏颗粒。有的根瘤菌可以在干燥条件下存活，于是就出现了黏土干粉剂。典型代表是苜蓿根瘤菌干粉剂和三叶草根瘤菌干粉剂。国外主流厂家的苜蓿干粉剂的菌数在0.7亿～3亿/克左右，别看菌数不高，但它们在种子上的存活时间可达1年半，根瘤菌处在一种类似于休眠的状态。

最新的根瘤菌剂型是以水为载体的液体剂型。这种剂型是经过近百年的反复探索，在20世纪90年代才得以成功的。液体剂型的菌数要远高于草炭剂型，以大豆根瘤菌为例，大豆根瘤菌草炭剂型的菌数通常为10亿/克，在种子上的存活时间为1～3天。中国的大豆液体剂型的菌数在100亿～150亿/克，经过特殊处理的大豆液体根瘤菌剂在种子上可存活7个半月。（杨国平）

78. 根瘤菌肥的生产方法有哪些?

根据种类和剂型的不同，根瘤菌肥或根瘤菌剂的生产方法有以下几种：

（1）草炭湿粉剂的生产方法：将天然草炭烘干粉碎→添加营养物质→分装到小袋→灭菌→接种根瘤菌→30℃培养10～20天→检测根瘤菌活菌数及杂菌数→合格就加外包装入库待售。

（2）颗粒剂型的生产方法：将载体材料加黏合剂与水调成一定湿度→造粒→烘干→将根瘤菌液喷到载体颗粒表面→再喷一层保护剂→最后喷一层疏水性质的润滑剂防止颗粒粘连。

（3）液体菌剂的生产方法：根瘤菌斜面菌种→接种到装500～

2 000 毫升液体培养基的摇瓶中→28～30℃振荡培养 2～5 天（取决于根瘤菌的生长速度）→接种到 100～300 升的发酵罐中→28～30℃培养 2～5 天，pH 控制在 6.5～7.5，搅拌转速 150～200 转/分钟，通气量 1～2 米^3/小时→接种到 2～5 吨的发酵罐中，pH 控制在 6.5～7.5，搅拌转速 75～100 转/分钟，通气量 10～20 米^3/小时，待到菌数达到稳定期，取样检验是否有杂菌污染，如果没有污染即可灌装→加外包装入库待售。（杨国平）

79. 根瘤菌肥能为中国的大豆、花生和苜蓿产业带来什么效益?

根瘤菌的贡献长期被严重低估，以最重要的豆科作物大豆为例，发达国家（美国、加拿大和欧洲国家）和南美新兴大豆主产国（巴西、阿根廷）种大豆不施氮肥，普遍接种根瘤菌，他们的大豆产量比我国东北高将近 30%，而目前我国大豆主产区种大豆时仍施磷酸二铵和尿素。

对于根瘤菌能给大豆提供多少氮素营养，学术界一直存在较大分歧，美国的大豆产业发展过程给这个学术纷争提供了一个新的视角。美国的大豆主流种植模式一直是不施氮肥的，约 30 年前美国的大豆产量在 30 蒲式耳①/英亩（折合 136 千克/亩），现在美国的大豆产量在 50 蒲式耳/英亩（折合 227 千克/亩），生产水平高的州可达 60 蒲式耳/英亩（折合 270 千克/亩）。在 30 蒲式耳/英亩的产量水平，科学家认为根瘤菌最多能提供 80%的大豆所需氮肥，现在产量翻倍了，那根瘤菌到底能提供多少氮呢?

以黑龙江的大豆生产为例，按 180 千克/亩的相对高产计算氮素的投入和产出，推算根瘤菌的贡献究竟有多大?大豆的蛋白质含量平均按 40%，大豆秸秆的蛋白质含量按 10%计算，每产 1 千克大豆就产生 1.5 千克秸秆。每亩产秸秆 270 千克，含蛋白质 27 千

① 蒲式耳为非法定计量单位，1 蒲式耳≈27.22 千克。——编者注

克，每亩大豆蛋白质总量为 72 千克。1 亩地种植大豆所合成的蛋白质为 99 千克，其中含纯氮素为：99÷6.25＝15.84 千克纯氮。将 15.84 千克纯氮折合尿素为 34.43 千克。如果没有根瘤菌提供氮肥，完全靠施用尿素来满足大豆的氮营养需求，按 30％的尿素利用率来计算，需要施用尿素 114.8 千克。这就是说，产出 180 千克大豆，需要投入至少 114.8 千克的尿素。但事实上并没有人真正施用 114.8 千克/亩的尿素。由此可见，大豆的氮素营养基本上是靠根瘤菌供给的。

中国的花生种植面积稳居世界第一，为 7 000 万亩左右，2011 年花生总产量 1 590 万吨，相应的茎秆腾蔓约 1 750 万吨。花生和茎秆的蛋白质含量分别为 27.5％和 10％，按上述方法推算，需要施用 710 万吨尿素，我们当然没有在花生上投入这么多的氮肥，是根瘤菌默默地满足了花生对氮素的需求。

同样，苜蓿的共生固氮效率非常高，正常情况下苜蓿每年可收割 4～6 次，我国每亩每年产干苜蓿平均 800 千克，蛋白质含量一般为 20％，每亩合成的蛋白质 160 千克，将其折合纯氮为 25.6 千克，折合尿素为 55.7 千克，按 30％的尿素利用率计算，每亩苜蓿根瘤菌每年可替代 186 千克尿素。这就是说，我国 2013 年的苜蓿种植面积 100 万亩，节约尿素 18.6 万吨，尿素价格在1 600～2 000 元/吨，直接价值达到 2.98 亿元。

以上仅仅是从节约氮肥这个角度来看根瘤菌的巨大贡献，根瘤菌还可以提高寄主作物的抗病性，提高作物的品质，节约大量氮肥，带来了巨大的环境效益和社会效益。（杨国平）

80. 国外根瘤菌应用广泛吗？

根瘤菌在北美和欧洲发达国家应用历史长、范围广。全世界第一家根瘤菌剂生产公司 Nitragin Company 成立于 1898 年，至 2014 年已连续运营 116 年，几经变化，现在归入丹麦的 Novozyme 公司。美国、加拿大、欧洲国家和澳大利亚等发达国家的农场主都完全接受根瘤菌固氮的科学知识，种植大豆等豆科作物时基本不施氮肥，而是广泛接种根瘤菌剂。

南美新兴的大豆种植国家巴西、阿根廷、巴拉圭等，虽然大规模种植大豆的历史很短，但这些国家在迅速扩大大豆种植规模的过程中全盘接受美国的大豆种植模式：不施氮肥，广泛接种根瘤菌剂。巴西和阿根廷的大豆接种根瘤菌的比例在90%以上。由于播种时不施氮肥，土壤中的氮肥含量低，对大豆苗期的结瘤过程没有抑制效应（高氮会抑制结瘤和固氮过程），大豆结瘤充分，待大豆开花结荚时根瘤菌的固氮效率也达到最高峰，保障了大豆结籽时的氮肥需求。尽管不施氮肥，但这些国家的大豆产量却比中国的大豆产量约高 30%，由此可见根瘤菌对大豆产量的贡献。

从世界范围来看，包括中国、印度、韩国、日本、东南亚国家等对根瘤菌的应用做得不够。（杨国平）

81. 什么是 AM 菌根制剂？它有何特点？

以 AM 真菌为生产菌种制成的微生物制剂产品，称之为 AM 菌根制剂。丛枝菌根（arbuscular mycorrhiza，AM）真菌是一类在陆地生态系统中广泛分布，能够与绝大多数高等植物根系形成共生体系的重要土壤微生物。据统计，80%以上的陆地植物可以形成菌根共生体，其中 60%左右形成的是丛枝菌根。与 AM 真菌共生的植物包括许多重要的园艺（经济）作物，如茄科（如番茄、茄子、矮牵牛）、葱（如洋葱、大蒜和韭菜）、果树（如葡萄、柑橘属）、观赏植物和草本植物（如罗勒、百里香、迷迭香）等。通常土壤中的 AM 真菌占土壤微生物总生物量的 5%～10%。与其他微生物种群相比，AM 真菌的种类相对较少，目前确定的种不超过 200 个。近 10 年期间，AM 真菌的分类系统经历了几次修订，建立了球囊菌门，在该门下设立了 1 个纲、4 个目、7 个科、9 个属的分类系统，并得到了广泛认同和普遍应用。

在我国北方土壤中，菌根真菌以球囊菌属为主，优势菌种为摩西球囊霉，以农作物、林木、果树以及其他经济作物为主要宿主。AM 真菌一直被认为是没有宿主专一性的，其理由有 3 方面：一是陆地生态系统中的植物种类数以万计，而 AM 真菌的种类仅 150～200种；二是陆地上 1/3 以上的植物能够被 AM 真菌侵染；三是大量的人工接种试验表明，AM 真菌对所研究的植物尽管侵染率不同，但侵染性没有差别。

丛枝菌根真菌制剂具有以下 5 方面的功效：一是 AM 菌根制剂能缓解植物对干旱产生的胁迫作用。在 AM 菌根植物良好共生的植物根系中，AM 真菌根外菌丝延伸能超过植物根际的枯竭区，使根部在水缺乏环境中，吸收更充足的磷、锌和铜等难移动的营养元素，以及靠根系无法获得的水分；二是 AM 菌根制剂可缓解植物对盐产生的胁迫作用，提高植物的抗盐能力；三是 AM 菌根制剂可缓解植物对营养缺乏的胁迫作用，以磷尤为明显；四是 AM 菌根制剂可降低植物对重金属的吸收；五是 AM 菌根制剂可提高植物对土壤不良 pH 的适应及生长能力。可见，AM 菌根制剂具有适应性广、功能多样的特点。它对节水、节肥、节本增效具有重要作用，是一类有应用前景的功能菌剂产品。（李俊、马鸣超）

82. 如何进行 AM 菌根制剂的研发与生产？

由于 AM 真菌是专性活体营养生物种类，不能自主独立繁殖，需要借助植物体才能完成其生长周期，实现 AM 真菌的扩繁和制剂产品生产的目标。这是目前 AM 真菌制剂产品难以规模化生产和大面积推广应用的主要原因。接种 AM 菌根制剂已成为欧洲主要农业生产国普遍采用的技术措施，特别是在高强度种植的园艺系统土壤中，随着 AM 真菌种群迅速减少，接种 AM 真菌更为必要，也更为有效。然而，高质量的 AM 菌种是研发与应用的核心，尤其是菌根在根际定殖。

生产实践中常采用在露地种植或大棚种植植物的根部中接种AM真菌繁殖体，经过生长繁殖后获取AM的接种物的方法。这是AM真菌扩繁最为经济和简捷的方法。该方法的要点是，将接种AM真菌的寄主植物栽培在砂质土壤中，使AM真菌在土中繁殖；在生长周期结束后，将菌根和含有AM真菌繁殖体的土壤都收集起来，干燥并用作接种物。这种繁殖方法虽然简单，但存在几个缺点，如生产不稳定，孢子采收困难，存在较高的病虫害、病原体和杂草污染的风险。但是，这些问题可以通过在无土栽培的温室中，采用无菌物质（如蛭石）上栽种宿主植物来解决。此外，未灭菌的AM真菌商品是促进植物生长微生物和菌根辅助细菌的丰富来源。

目前市场上的菌根接种物，多采用体外培养体系的生产方式。下面两种主要的无菌体外系统已成功用于单菌繁殖体的生产：①AM真菌在毛根农杆菌修饰过了的Ri T-DNA条件下繁殖，这种方式为所谓的器官培养（ROC）；②AM真菌在自养植物根部繁殖，在培养皿外部扩展，可以直接在有氧环境中，或者在一个无菌管中垂直培养。这两种培养系统可使用小容器，采用气升式反应器或喷雾器，基于容器的水培系统或扩展水培体系，适用于大规模菌根接种的商业化生产。体外培养体系具有以下4方面的优势：①可生产出纯度高、无污染的AM真菌制剂产品；②产品信息和质量可追溯；③可进行AM真菌制剂的浓缩；④不受时间限制，一年四季都可以繁殖。然而，体外繁殖的接种期短，剂型单一（液体剂型），限制了其商业应用。常采用作物播种时进行使用，以使AM真菌尽早侵染植物根系，形成共生体系，发挥其功效。（李俊、姜昕、马鸣超）

83. 什么是PGPR制剂？它有何特点？

PGPR制剂是指以PGPR为生产菌种制成的微生物制剂产品。植物根际促生菌（plant growth-promoting rhizobacteria，PGPR）

是指生存在植物根圈范围中，对植物生长有促进或对病原菌有拮抗作用的有益的细菌统称。后来研究发现，此类菌中远不止细菌，还有原核生物中的放线菌，真核微生物的许多真菌也被报道具有促生作用，但仍用 PGPR 来泛指。2014 年提出 PGPR 还包含定殖于植物地上部分的微生物。可见 PGPR 在研究发展进程中，其内涵和外延都不断得以丰富和扩展。还需指出的是，PGPR 是对存在于植物根际且有促生作用的微生物的统称，并非微生物学分类上的名词术语，包含了多种不同分类单元的微生物。

能促进植物生长的根际微生物类群很多，在微生物分类属的水平上包括：芽孢杆菌属（*Bacillus*）、类芽孢杆菌属（*Paenibacillus*）、短芽孢杆菌属（*Brevibacillus*）、假单胞菌属（*Pseudomonas*）、伯克霍尔德氏菌属（*Burkholderia*）、纤维单胞菌属（*Cellulomonas*）、固氮螺菌属（*Azospirillum*）、慢生根瘤菌属（*Bradyrhizobium*）、弗兰克氏菌属（*Frankia*）、泛菌属（*Pantoea*）、根瘤菌属（*Rhizobium*）、链霉菌属（*Streptomyces*）、硫杆菌属（*Thiobacillus*）等，这些存在于植物根际，具有促进植物生长、提高植物对非生物胁迫抗逆性、提高作物品质功效的微生物菌株，均是具有生物刺激素功能的 PGPR 菌株。

PGPR 根据它们生活方式的不同可以分为三类：生长在植物根际周围的独立生存的微生物，定殖在根表面的微生物和定殖在植物根内的内生菌。这种分类也不是一成不变的，有些微生物能够根据周围环境和宿主根的不同采用这 3 种方式中的一种。

PGPR 制剂主要通过调控植物内的激素、产生挥发性有机物、改善营养素有效性、提高植物对非生物胁迫耐受性 4 种方式，实现其生物刺激素的功效。PGPR 的作用机理是多样的，不是所有的 PGPR 菌株都有着相同的机制。通过对机理的了解，可为 PGPR 高效菌株的筛选与应用提供依据。可见，PGPR 制剂具有菌种种类多、功能多样和应用范围广的特点。（李俊、姜昕、马鸣超）

84. 如何进行 PGPR 制剂的研发与生产？

产品研发是实现产业化的前提，也是生产应用的基础。PGPR 优良菌株的筛选和工艺优化是研发与生产的核心。

PGPR 优良菌株的筛选技术路线为：基于 PGPR 菌株的作用方式，结合菌株的生物特性，采用适宜的技术方法从植物根际周围分离所需的 PGPR 目标菌株，经初筛、复筛和田间验证评价后才有可能获得集各性能于一身的优良菌株。初筛菌株的来源可以是根际土壤，或者是植物根系内部。这些菌株必须要有 PGPR 活性和易培养的特性。最常见的菌种筛选特征指标主要有：植物生长素的生产、ACC 脱氨酶活性、溶磷效果、N_2的固定以及铁载体的生产等。筛选菌株时，必须考虑优良菌株可能存在和应用的环境条件，即是优良菌株的环境适应性。

PGPR 菌剂以工业化发酵生产为主，主要采用现代生物发酵技术将菌种进行扩繁，然后与有机物料和填充料混合吸附制成 PGPR 菌剂。PGPR 菌剂包括液体发酵和固态发酵工艺。PGPR 菌剂生产工艺常采用三级发酵进行，其流程是：培养基采用锅炉房提供的蒸汽高压灭菌锅，斜面菌种首先在摇床培养扩繁，然后按照 10％接种量接种到种子罐，然后再按照 10％接种量接种到发酵罐发酵生产，每个生产环节进行污染检测控制，发酵好的菌液转移到储罐进行短期保存，或直接转移发酵生产车间和肥料生成车间使用。PGPR 菌剂一般生产技术环节为菌种、种子扩培、发酵培养、后处理、包装、产品质量检验、出厂。在生产之前，应对所有菌种进行检查，确认其纯度和应用性能没有发生退化。出现污染或退化的菌种不能作为生产用菌种。

PGPR 菌株评价试验通常在温室条件下进行蔬菜植物的效果评价。蔬菜种类包括生菜、胡椒、马铃薯、番茄等。再将表现好的菌株进行田间试验，接种 PGPR 后植物根系长度和产量的增加，也可作为 PGPR 菌株的评价指标。在水果作物上进行的 PGPR 制剂评价试验，主要是在田间条件下通过叶喷的方式进行。用在水果作物上的 PGPR 菌株主要有假单胞菌属（*Pseudomonas*）、芽孢杆菌属（*Bacillus*）中的菌株等。在田间条件下通过产量、品质提高，评价 PGPR 菌株对苹果、杏、樱桃、草莓等效应。目前 PGPR 在园艺生产过程中存在的问题主要有：PGPR 接种后在土壤中的持续性问题、菌剂在运输过程中细菌存活的问题等。（李俊、姜昕、马鸣超）

85. 什么是木霉菌制剂？它有何特点？

木霉菌制剂是指以木霉菌为生产菌种制成的微生物制剂产品。木霉菌（*Trichoderma* spp.）是一种重要的腐生型丝状真菌，属于真菌门、半知菌亚门、丝孢纲、丛梗孢目、丛梗孢科，其有性型属于肉座菌，广泛存在于土壤、根围、叶围、种子和球茎等生态环境中。木霉菌发现于 1932 年，首先分离确定的是木素木霉菌（*T. lignorum*），它可以寄生许多土传真菌，可以防治某些真菌病害，木霉菌由此引起了人们的重视。目前大约有 200 个不同的种。某些木霉菌种（菌株）具有良好的生物刺激素功能而被广泛地应用到园艺等农业种植中。

木霉菌种被认为具有普遍性，具有适合不同环境和广泛温度范围的能力。然而，大部分木霉可以寄生于其他真菌，有一些木霉通常寄生于其他真菌作为内生菌存在。木霉具有典型的真菌菌丝，直径 5～10μm，常见的木霉可产生分生孢子和厚垣孢子，在自然环境中的子囊壳里形成子囊孢子。孢子具有传播和休眠功能，也可以作为种子。木霉的分生孢子芽殖形状如锥形体，产生一个或多个分生孢子梗。厚垣孢子在深层培养时可以大量产生，在木霉产品商业化形式中得到应用。

目前，全世界已有 40 多个国家开展了木霉的相关研究，已经登记的木霉菌制剂 50 多种，其中包括哈茨木霉（*T. harzianum*）、里氏木霉（*T. reesei*）、多孢木霉菌（*T. polysporum*）、绿色木霉菌（*T. viride*）、深绿木霉（*T. atroviride*）、康氏木霉（*T. koningii*）、拟康氏木霉（*T. pseudokoningii*）以及其他木霉菌（*Trichoderma* spp.）等，多数用于植物土传病害的生物防治，有的作为植物生长调节剂或生物肥料。木霉菌大都有很强的生防能力和生物刺激素功能，所以菌种优势主要表现在生物防治、植物营养和抗逆功能方面。因此，木霉制剂兼有生物农药、生物肥料和生物刺激素的功能。（李俊、姜昕、马鸣超）

86. 如何进行木霉菌制剂的研发与生产？

木霉制剂是一种成功用于农业生产的生防制剂或植物生长调节剂。作为一种高效的生防菌，木霉已被成功地用于多种植物病害的生物防治。木霉对植物病害的生物防治是竞争作用、重寄生作用、抗生作用和诱导植物抗性作用协同作用的结果。近年来，木霉对植物生长的促进作用日益受到重视，木霉—病原菌—植物的相互作用，特别是木霉诱导植物抗性、促进植物生长的研究成为近年来的研究热点。深入研究木霉在农业生产中的作用，有助于研制高效木霉制剂，提高其田间使用效果，从而促进植物生长，控制植物病害的发生。

目前，多数的木霉产品中含有一种或者几种木霉菌，使之在生产中更为有效，几种木霉组合可以实现产品的高效生物刺激素功能。将哈茨木霉、绿色木霉菌和深绿木霉 3 株菌混合，可以增加温室和田间试验中鹰嘴豆的植株高度和生物量，以及改善根部吸收磷和氮，实现效果的叠加。然而，在几种木霉菌进行组合之前，需做好充分的实验，避免拮抗作用的发生。

在根际生长或者在根表生长，木霉都要受到其他微生物的作用，例如，丛枝菌根真菌。这些交互作用已经得到证实，接种的真菌对植物具有协同效应或者是抑制作用。近来一些报道显示，木霉与其他微生物联合可以促进作物生长。与单独使用 AM 菌根制剂或者木霉制剂相比，它们的联合使用可以提高生菜、番茄和西葫芦的发芽、根干重和叶绿素含量。木霉与枯草芽孢等根际细菌混合证明可以促进生长活性，显著提高豆类的植物干重。

在进行木霉制剂接种时，应考虑接种方式和接种位置（如种子、根部和土壤）。将木霉接种至土壤中，需要达到一定数量，并与施用有机肥等其他农艺措施配合，实现其综合效应。但采用土壤熏蒸法和真菌杀虫剂时，将会影响木霉的接种效果。现代分子生物学技术的发展，为木霉在农业生产中作用机制的研究提供了强有力的技术支持。通过木霉细胞壁降解酶的基因工程来提高木霉菌的生防效果，是目前的重要研究方向之一。现在许多实验室通过细胞壁降解酶，尤其是几丁质酶基因工程来提高烟草、马铃薯、结球甘蓝（卷心菜）、苹果、番茄等植物的抗病性。分子生物学组学技术的出现为木霉生防作用机制的研究提供了新的研究思路和技术手段。蛋白质组学技术已成功地研究了木霉—大豆—植物病原菌之间的相互作用，分离和鉴定了大量的木霉—大豆—植物病原菌相互作用的特异蛋白。最新的研究还发现，木霉能够提高植物的生物量，通过生物素依赖途径促进侧根的生长。木霉在农业生产中作用机制的研究丰富了人们对木霉生物学的认识，为木霉在农业生产中的成功应用提供了有力的理论支持。随着木霉属真菌在植物病害生物防治中作用机制和促进植物生长机制的进一步阐明，木霉菌必将在农业生产中发挥更为重要的作用。（李俊、姜昕、马鸣超）

87. 微生物肥生产中如何节省干燥能源，又不损失菌含量?

生物有机肥生产不宜采用加热风干降低水分的工艺。热风干燥一方面需要消耗能量，增加成本，另一方面干燥的热风会使相当数量的微生物失活或死亡，这对生物肥的质量是有很大影响的。国家标准对有机肥含水量规定不得超过 30%，生物有机肥含水量不得超过 30%。为了保证微生物的存活率和便于保存，建议水分含量在20%～25%为宜。

要达到这一含水量是不需要另外花费能源热风烘干的。农村用太阳晒也是不可取的。经太阳晒可以达到干燥目的，但有效微生物损失不少，也花费不少人工，因此不建议采用阳光干燥。微生物在发酵过程中利用有机物的氧化产生热量，此过程产生的生物能足够干燥所需要的热量。根据研究和测定，将发酵有机肥从60%的水分干燥至30%以下，发酵所产生的生物能足够完成此项工作。只要发酵温度达60℃以上，维持一定天数后常翻动即可。不需要增加消耗能源的干燥设备和工艺。（黄为一）

88. 适用于水肥一体化的微生物肥料有哪些要求?

肥料的可溶性是水肥一体化肥料的关键。对无机肥来说主要是施肥前配成水溶液时复合的成分在水中不能形成不溶或难溶化合物。在氮、磷、钾3种肥料中，除磷的化合物易和其他营养成分形成沉淀必须引起注意外，易形成沉淀的中微量元素，在配施中用好具有络合功能的化合物，大多都能克服沉淀造成的管道堵塞问题。

单独施用液体剂型的微生物制剂，只要注意培养基中没有不溶物（在滴灌中固形物颗粒不能大于滴灌头开孔的四分之一），菌丝体不形成絮凝现象外，都不会堵塞管道。在实际使用中，在喷、滴施结束后，最好结合灌水，在管道中通一定量的水，防止残留菌丝体在管孔中生长，形成菌苔而造成堵塞。

建议少用丝状真菌的微生物制剂，因其存在堵塞管孔的可能性。细菌微生物制剂几乎不会出现堵塞现象。

近年来在水肥一体化施肥中，常有将液体微生物肥和化肥、有机肥混施的现象，化肥溶液形成的较高渗透压对微生物肥料的效果影响不大。

有机肥中具有优良溶解性的不多，大多有机肥不溶于水，不适用于管道施用。全溶于水的优质有机肥如氨基酸类。全溶腐殖酸类，价格很高，使用时浓度不高。价格不高的废糖蜜是合适的有机源，可以和微生物肥配施。

固体吸附型的微生物肥不适用于水肥一体化的管道供肥技术，即使稀释后，仍有大颗粒堵塞管道现象。固体微生物肥可以与不溶性有机肥先施于田地中，再采用水肥一体化的方式将可溶性化肥稀释后经灌溉管网喷施或滴施。（黄为一）

第三部分　怎样才能用好微生物肥料

89．选用微生物肥料的基本原则有哪些？

选用微生物肥料的基本原则是因地制宜，选用与环境和作物品种相匹配的微生物肥料。在使用微生物肥料的过程中，应充分考虑农艺操作符合相应微生物的生理要求，充分发挥其作用。

选用微生物肥料时具体应注意如下事项：

（1）施用微生物肥料必须提供一定的有机质，有机质是微生物赖以生存的粮食。有机质高的土壤施用微生物肥效果显著，缺乏有机质的土壤单独施用微生物肥效果欠佳。微生物肥应和一定数量的有机肥一同施用，或微生物肥料中的载体就含有供微生物生长的有机质。

（2）针对微生物肥不同品种，采用不同的农艺措施，以获得期望的有针对性的施肥效果。例如氮素高的土壤施用固氮菌、根瘤菌，其效果不够明显。含铝、铁、钙高的土壤单独施用可溶性磷肥效果不好，施用磷细菌肥料，可显著改善可溶性磷肥的使用效果。总磷含量高、有效磷低的土壤使用磷细菌肥料，再配施一定有机肥，连续不施可溶性磷肥，也不会出现缺磷症状。为了提高化学钾肥利用率，配施一定量的生物钾肥可大幅节约化学钾肥施用量，并带来大幅改善作物品质的效果。

（3）施用方式需得当。随不同作物和不同生育期选用不同的施肥方式和不同的菌肥种类。蘸、喷、灌、撒、随播种机播施等不同施肥方式，要选用不同剂型的微生物肥。例如拌种、蘸苗、喷施宜用液态剂型，机播宜用造粒剂型，条施、撒施、大棚用不造粒剂型即可。

（4）施用环境必须有一定的湿度和合适的温度。施用微生物肥后遇曝晒天气，蒸腾强烈又缺水灌溉的田块往往效果欠佳。

（5）除产品说明书上注明的可相容的农药外，不能与杀菌剂、消毒剂等农药共同使用。

（6）依作物与土壤特征选用。如不以作物生物量为主要生产目标，而以作物次生代谢物为重要生产目标的作物，如茶叶、烟叶、中药材在氮的施用形式上多考虑，选用控氮效果好的微生物肥就很有意义，不致因速效氮太高而造成缺少有效成分的枝叶疯长。

（7）使用过程注意不能曝晒。如果是喷施最好在上午 9 点前和下午 5 点后，喷后如遇大雨，应雨后补喷。由于叶子正面多蜡疏水，背面多孔，喷施于叶背面比正面效果好。

（8）不要追求与高浓度化肥配施，既浪费，效果也不佳。凡号称总养分高于 40%的有机、无机、生物复混肥，其中微生物菌剂肥效难以充分发挥。这种商品肥虽号称含有机物和微生物，实际上就是大量化肥制造的。（黄为一）

90. 微生物肥料与作物、土壤之间存在怎么样的关系？

微生物肥料与作物之间的关系随不同的微生物和不同的作物而有多种多样的关系。在植物根际，微生物肥料中的微生物与作物形成互生互惠的关系。这些微生物依靠作物根部分泌的小分子有机物和作物枯枝败叶分解获得营养而大量增殖。在增殖的过程中，微生物分泌的促进植物生长的生长类物质，合成植物需要的小分子活性有机物，使土壤中不易吸收的无机营养转化为植物便于吸收的有效成分，提高了土壤矿质营养和化肥的有效性与利用率。可消除根圈土壤中对植物有毒害作用的物质，如 H_2S 等，并能产生拮抗性物质，如放线菌产生小分子抗生素，枯草芽孢杆菌分泌抗菌肽等能抑制病原菌的物质，大幅减少了作物病害。如果大量、连续多年施用微生物肥料，进入土壤的众多非病原菌对土壤中原有的病原菌产生竞争性抑制，土传病害逐年减低，土壤生态状况更加健康。

微生物肥料中还有一类微生物能和特定作物形成固定的共生关系，并在作物中形成共生结构，如根瘤菌就是此类最典型的代表。

微生物肥料中有一些微生物能够进入作物植株，在作物组织内或组织间长期存活下来，与作物形成长久的互惠关系。

还有一类微生物肥料由真菌组成，它们在作物根部形成菌根，与作物形成共生关系。由于这类菌根真菌的作用增大了作物吸水范围，提高了作物抗旱能力，活化了土壤中作物原来不能吸收的矿质营养，提高了作物对盐分、重金属、有机污染物的耐受性，以及抗土传病害的性能，常被称为菌根真菌接种剂。

用微生物肥料拌种，当种子萌发后在新生的根上布满了有益的微生物，芽和新生叶上的微生物也跟随作物长大而侵染开来。当对作物叶面喷施时，微生物肥料的有益微生物会进入叶背面的气孔与作物共生，发挥其促生作用。

土壤是微生物的大本营，土壤中非病原微生物量越高，土壤越肥沃。施用微生物肥料是向土壤增加土壤的微生物量，对改良土壤和保持生态活性起着不可替代的作用。微生物肥料中能产生荚膜多糖或能分泌聚氨基酸的菌剂，是土壤团粒结构形成的物质基础。土壤团粒结构的形成提高了土壤孔隙度，提高了土壤保水保肥能力。微生物肥料中的真菌菌丝也是促进土壤形成团粒结构的重要物质。土壤团粒结构的形成，使土壤表层的毛细孔破坏，减少了土壤水分的蒸腾，从而减少了土壤深层盐分向耕作层的迁移，减少了土壤的盐害。如果连续多年施用微生物肥料，土壤中的枯枝败叶得到分解，并促进了土壤团粒结构的增加，提高了土壤含氧比例，有利于土壤厌氧状态的逆转，同时增加了土壤的持水功能。微生物肥料中的微生物对动植物残骸的分解和随之而来的对分解物的再合成，促成了土壤腐殖质的增加。是土壤沙化的有效治理途径。腐殖质形成有利于土壤矿质的络合，提高了这些矿质营养的有效性。土壤为微生物肥料中的微生物提供了生存的大厦，这些微生物的生命活动极大地改善了土壤。土壤、微生物、植物三者构成了一个良性的可持续发展的生态链。土壤中有了微生物就成了生生不息的“活土”，只要有一定的水分，微生物在土壤有机质的影响下活力大为增强，从而又提高了土壤温度，微生物赋予死气沉沉的土壤以蓬勃生机。（黄为一）

91. 如何评价微生物肥料的功能与效果？

评价微生物肥料功能与效果有以下6个方面，包括提供或活化养分功能、产生促进作物生长活性物质能力、促进有机物料腐熟功能、改善农产品品质功能、增强作物抗逆性功能、改良和修复土壤功能。这些功能在农业行业标准 NY/T 1847—2010 和 NY/T 1536—2007 中有具体评价要求和方法，这也是微生物肥料功能表述、产品包装标识、技术培训和推广宣传的依据。

微生物肥料产品功能和效果评价从方法学上看，主要采用比较与分析方法。从规模上可分为实验室精细分析比较和大田的综合统计比较（固氮类固氮活性的高低有专门的测定方法，如乙炔还原测定法和氮同位素测定法）。实验室的精细分析比较主要是盆栽法。盆栽土壤应采用相同来源的土壤，为追求精确可在对比试验前先对土壤进行耗竭性处理，即在此土壤中连续种植吸肥能力高的植物，如黑麦草，使此土壤中的肥力消耗至很低水平。然后在此土壤中施用相同组成并且等量的营养物质，栽培相同品种、长势差不多的作物苗，在一部分盆钵中施用微生物肥料，另一部分盆钵中施用等量的经高温杀灭活菌体的微生物肥料作对照。当植株生长到一定阶段，对其长势、植株、根系、果实等的生长量以及所含营养物质进行分析化验并作统计学处理后，最终做出对比结果。

大田作物应选择土壤、环境相同的田块作对比试验，对照田块施用灭活后的相同微生物肥，试验田块施用含活菌剂的微生物肥。然后对不同生长期的作物生物量和感兴趣的化学成分进行测定，并对产品口感、风味进行比较，农产品化学残留进行测定。

为了证明微生物肥料的长效性可进行多年跟踪，施用田块土壤结构和成分的变化，以及发病情况的跟踪记录。对土壤环境与可持续发展的考查，应跟踪数年，对土壤成分和主要指标（如有机质含量、pH、孔隙度、阳离子交换量、团粒结构、农药除草剂残留、保水保肥能力、生物量等）和土壤微生物区系等进行测定。

用发酵有机肥作微生物菌剂载体的，应增加测定对种子发芽的影响，以防作为载体的有机肥发酵不充分，用以评价其安全性。（黄为一、李俊）

92. 微生物肥料施用方式及其特点有哪些？

微生物肥料可采用拌种、移苗蘸根、喷施、滴灌、浇灌、穴施、沟施、拌土撒施再耕匀等施用方式。适宜的施用方式需要依据产品剂型、产品功能特点、作物营养需求和土壤状况、农艺操作方式等确定。微生物肥料剂型有液体和固体两种，一般来说，固体剂型比液体剂型便于运输和贮存。如果固体剂型中的载体得当，保存时间也比液体的长，使用时应注意保质期。液体菌剂用于拌种、移苗蘸根，一般稀释10～20倍；用于喷施、滴灌、浇灌可稀释100～200倍，如果配合浇水也可稀释500～800倍。水培液中用循环培养液稀释800～1 000倍使用。固体菌剂可用清水浸泡后根据具体需要，再用清水稀释相应的倍数后使用。固体剂型可直接用于穴施、沟施、撒施，施后覆土浇水。如果仅撒施不覆土，又不与土拌匀，会影响使用效果。用于贫瘠土壤，偏酸、偏碱性的土壤应和有机肥共施，用量要大些。做基肥可和有机肥拌和后使用，用量参考产品说明书。如作喷施、滴灌，应选液体剂型，并且注意选用没有沉淀堵塞喷头和滴灌头的菌剂。追肥一般使用喷施和滴灌方法。追施次数由庄稼生长状况而定。喷施最好喷在叶子背面，这样肥料效果好。追肥一般每亩每次使用菌剂200～500毫升，稀释适当倍数后使用。作基肥使用的可和有机肥一道使用。作追肥的一般在发棵或开花前追施，对草本类的作物在开花后现果时再用一次，对果蔬类口感的提高影响较大。对机械化作业的大农场，在秋收时可于秸秆粉碎时用菌剂喷施于秸秆上，然后翻入土中。春播时采用造粒的微生物肥与机播种子一道施入田间，或用菌剂包衣的种子播入田间。（黄为一）

93. 微生物肥料与什么肥配施最显效?

微生物的功效要有食物吃才能体现，即有饭吃才干活。吃饭是为了提供营养物质和干活的力气，即提供能量。土地提供的营养只是无机物时，微生物干活没力气，效果不明显。如果此时有光照，光给细菌提供能量，土地表层的光合细菌就活跃起来，它们的活动可以显示出肥料的效果。如果田地里有丰富的有机质或在使用微生物肥时同时施入农业废弃物，施微生物肥的效果就会明显。如果在仅仅施用化肥又缺乏有机质的农田里，施用微生物肥效果就不明显。

沼渣沼液和沤肥已经过微生物的厌氧发酵，直接用于农田就可以了，不必再添加微生物肥。除非十分不透气的田块为了防止烂根，家庭养花回避臭气等情况下，在使用沼渣液和沤肥后，可以松土再施微生物肥消除上述弊端。（黄为一）

94. 微生物肥料如何与化肥配施?

一般来说化肥与微生物肥分开使用效果较好。若为了节省劳动力，微生物肥料可以与化肥同时配施。但应注意不应和化肥直接拌在一起使用。固体剂型的微生物肥与大量有机肥拌和后再与化肥一同使用，对菌含量和使用效果影响不大。液体剂型的微生物肥料不能与固态化肥混合使用。固体化肥作为冲施肥使用应先稀释 500 倍，再混入微生物菌肥可以随水浇田，或滴灌或喷施。固氮菌和根瘤菌剂是绝不能和含氮化肥拌和使用的。施用微生物肥料可以减少化肥用量。有的在无机化肥颗粒与生物肥之间喷一层膜，如果隔离膜破损，化肥的强渗透压会使微生物死亡。微生物由于没有有机质作为食品，繁殖慢，效果欠佳。如果用有机肥吸附大量的微生物肥后，再添加少量的化肥造粒，这种既含有无机化肥又含有微生物肥和有机肥的肥料，即所谓大三元复合肥料，可以兼顾化学肥料速效和生物有机肥持效的功能。原来只用化肥做基肥的田地，若用一部分生物有机肥，则化学肥料可少用1/3～1/2。用与化肥复合的微生物菌剂，选用芽孢杆菌类效果较好。（黄为一）

95. 微生物肥料与相关复混肥复配时应注意哪些事项？

制造固体微生物肥时一般用有机载体为好，如麸皮、秸秆粉、果渣粉、草炭等，不主张使用无机载体。使用黏土石粉等无机载体的微生物肥料施于田间效果慢，如果遇上缺乏有机质的田块，又仅仅使用化肥时，纯微生物肥用到这种农田里效果较难发挥。发酵完全的有机肥中添加微生物是十分合理的复配，对农作物产量、品质、生态环境保护、荒漠化防治都有好处。

有些企业为了提高肥效，往往在生物有机肥制造过程中添加化肥。这种生物有机无机复混的肥料，即是复合微生物肥料。该种肥料速效和缓效兼顾，有明显的增产效果。过分强调氮磷钾养分有多么高是不妥当的，因为我国化肥的平均有效营养成分含量在50%左右，过多加入化肥，影响三元复混肥中有机肥含量和微生物肥的有效菌存活率。复合微生物肥料的氮磷钾养分控制在15%以内，效果与价格比最好。同样的原因，标注氮磷钾有效含量接近50%的有机无机复混肥，实际上就是化肥，有机肥没有添加的空间了。农业科研部门的试验结果建议，有机无机复混肥的氮磷钾养分含量，不宜超过25%为好。

液体微生物肥料在制造厂内一般都已配好，可以直接单一施用。如与其他农资商品同时使用，应注意尽量不要往液体微生物肥中加化肥。注意包装标贴上说明不能同时混用的农药。液体微生物肥与固体有机肥混用效果非常好。在纯化肥组成的复混肥颗粒外面喷液体微生物肥是欠妥的生产工艺，该工艺影响微生物肥的有效活菌数。建议化肥与有机肥复混后造粒，然后在有机无机复混肥外面再喷微生物肥，这样有效活菌数的存活率较高。也可微生物肥先行用有机肥吸附，再和无机化肥复混，但要注意烘干温度不宜太高。（黄为一）

96. 微生物肥料如何与有机肥配施？

微生物肥料与有机肥配施是最佳的农业施肥措施。将微生物肥料与有机肥拌和直接使用就可以了。现在有部分微生物肥料工厂在出厂前，就将微生物肥料与发酵好的有机肥混配后形成生物有机肥。使用这种肥料可节省大量的劳动力，田间效果好。

如果农民自己将自家的农家肥中添加微生物肥料也有一定的效果。但是由于农家肥中成分复杂，有产生病害的病原菌、昆虫卵和杂草种子，施于农田，病、虫、草害多，还要花钱购农药防治，施过农药的农产品会有农药残留，售价低，又不利于健康。农民自己生产农家肥人工花费多，劳动条件差，又脏又累。购买有机肥一定要买经过非病原菌高温发酵过的有机肥。喷施和滴灌必须用全溶于水的有机肥。由于水溶有机肥可以提供微生物营养，在这种可溶性有机肥中配入液体微生物菌剂有增效作用，但要求不堵塞管道和喷头。

另一方面，微生物肥料与有机肥配施有利于土壤肥力的提高。土壤是作物赖以生长的基地，一个高肥力的土壤必须具有良好的团粒结构，为作物调控适宜的水、肥、气、热，为作物生长保存并持续提供所需营养元素。这主要依靠土壤中生活的、每克土以亿计的微生物的作用，而微生物生活主要靠有机质维持。自然生态系统中，植物是生产者，动物为消费者，微生物为分解者。地球表面有限的营养元素靠的是微生物这个分解者，才能进行循环使用。这个分解作用，主要在土壤和水体中进行，所以最合理的措施是尽可能将有机物料投入土壤中，促进微生物大量繁殖。微生物将有机质分解，释放出营养元素，供植物生长利用；同时，也合成它们自身的细胞，将营养元素在细胞中保存而不被流失。微生物死后，营养元素又可被植物再利用。它们不断地生生死死，担负起为植物转化营养、保存营养和长时间提供营养的作用。另一方面，微生物也不断将有机物转化为腐殖质。腐殖质与微生物分泌的大分子物质一起，使土壤矿质颗粒凝聚成团粒结构，营造适宜于植物保水、保肥、调温、通气的生长环境。所以土壤腐殖质的含量常用作衡量土壤肥力的指标。这是中国农民几千年实践积累的经验，也是微生物肥应该与有机肥配合施用的道理。（黄为一、李俊）

97. 微生物肥料如何与中微量元素肥料配施?

微生物肥料是提高中微量元素有效性的肥料。中微量元素在土壤中以矿物形态存在时水溶性都很差，植物难以吸收。从矿物中提取出来的中微量元素如以盐的形态存在，就提高了溶解性，植物易吸收。但一般肥料中大量元素的磷肥处于易溶状态时，如磷酸一铵和磷酸二铵等极易和中微量元素结合形成难溶的沉淀物，使中微量元素在土壤中难以被植物吸收。如果配施微生物肥，可以克服因施磷肥而造成的中微量元素利用率低的现象，而不会缺乏微量元素的状态。微生物肥料与中微量元素配施最好与有机肥结合，一同使用效果最好。将中微量元素拌和在生物有机肥中，就是一个好方法。中量元素添加于生物有机肥一般不超过10%，微量元素添加于生物有机肥一般在1/1 000以下就够了。采用冲施方式的化肥常添加中微量元素，一般都要同时添加部分络合剂，以增加中微量元素的溶解性。添加腐殖酸和氨基酸等络合微量元素的肥料效果非常好。添加生物有机肥也有相似效果。冲施化肥稀释后添加微生物菌剂，可提高中微量元素的有效性。

微生物肥料若和有机肥复合再添加中微量元素的矿粉，也能起

到持久的防止植物中微量元素缺乏的症状出现。(黄为一)

98. 施用固氮菌剂和根瘤菌剂等产品后是否还要施用氮肥?

由于尿素的直观效果在几天内就可以看见，农民偏爱尿素，且直接向田中撒施颗粒尿素，造成大量农田氮素过剩。这些农田施用固氮菌剂和根瘤菌剂时，与未使用菌剂的农田看不出区别，这是由于农田中过剩的氮素，遏制了菌剂的固氮功能。固氮菌的特点是有氮素吃就不再将空气中的氮气转化为氨类化合物，即有得吃就不肯干活。豆科作物使用微生物菌肥，只要配施有机肥就可以了，不必再施化学氮肥，在缺磷和缺钾的地区可以少施些磷钾肥。固氮菌剂和根瘤菌剂最适合于不施化肥的草原豆科牧草的生长。施用这些菌剂后，牧草品质高，含蛋白质多，产量又高，经济效益好。一般建议在施过尿素的大豆、花生的豆科农作物田中，不必再用根瘤固氮菌剂，在用过根瘤固氮菌剂的田中，不要再使用尿素。

在一些贫瘠的土壤中接种固氮或根瘤菌剂时，适当地少施一些氮肥，能促进固氮菌剂和根瘤菌剂发挥生物固氮能力。每亩贫瘠土壤中可配 2 千克氮肥，与有机肥一同施入农田，可提高菌含量。(黄为一)

99. 施用溶磷微生物肥料产品后是否还要施用磷肥?

各地农田土壤所含磷元素的量是不一样的，有的含有大量的不溶性磷，植物无法吸收，有的连年施用可溶性磷，但由于这些土壤中的钙、铁、铝等含量高，使得磷固定化了，庄稼仍然表现缺磷。施用溶磷微生物产品可以提高农田磷的有效性。最好同时施用一定的有机肥，以提高溶磷微生物的活性。但是也有相当一部分地区农田中，不溶的和可溶的磷都很少，施用溶磷微生物肥料后还要施用一定量的磷肥。施用磷酸一铵或磷酸二铵等溶解性高的磷肥后，即使遇到钙、铁、铝高的农田，同时施用溶磷微生物产品，可以提高施入磷肥的利用率。这些地区为了减少农田投入，施用价格低的钙镁磷肥（用于酸性土壤）或过磷酸钙（用于碱性土壤），同时配施溶磷微生物产品，也可用这些价廉的磷肥达到使用优质磷肥的效果。

国外通过施用菌根（AMF）制剂，提高植物对磷肥的吸收，取得了经济和环境多重效果。如哥伦比亚在木薯的生产中，要求应用菌根制剂。（黄为一、李俊）

100. 施用解钾产品后是否还要施用钾肥？

解钾微生物菌剂能将土壤矿物中植物无法利用的钾元素释放出来，成为植物可吸收的有效钾。如果农田中矿质钾足够，又有丰富有机质的情况下，只用解钾微生物菌剂也是可以的。解钾微生物的繁殖和解钾过程，需要提供一定的能量保证，因此，在施用解钾微生物菌剂时配施有机肥是非常必要的。这些有机肥可提供解钾微生物能量来源的“粮食”。在农田土壤含钾矿物不足时，施加一定量的化学钾肥是可行的。解钾微生物有一个重要的功能，就是它能吸收大量的可溶性钾肥，保存在细胞周边的荚膜多糖里面，当作物需要钾素营养时，可释放出来供作物所用。

如果向农田施化学钾肥，由于化学钾可溶性很高，一场大雨就可使化学钾肥大量流失，或渗入耕作层以下的土层中造成浪费。由于施入解钾微生物，分泌的多糖含蓄住这些易流失的化学钾，慢慢释放，供植物吸收，极大地提高了钾的利用率，为植物生产后期提供了大量的钾营养。（黄为一）

101. 农用微生物菌剂选用的原则是什么？

农用微生物菌剂的范围非常广泛，包涵微生物肥料菌剂、饲料添加菌剂、饲养场清洁菌剂、养殖塘水质净化剂、土壤改良菌剂等等。狭义的农用微生物菌剂是指 GB 20287 中所列的菌剂种类。

选用原则是：不能使用含有对植物、畜禽、养殖人员和栽培人员有害的菌剂，也不宜使用对人畜禽类的条件致病菌。总之，只能使用非病原菌。在非病原菌中少使用厌氧菌类，厌氧环境往往与腐生相联系并导致烂根。厌氧发酵的沼气池产生的沼渣和沼液中大多病原菌已被杀死，而沼渣沼液中的微生物是严格厌氧的，施于农田，遇到氧气就会死亡。另外，与病原菌亲缘关系很近的菌宜少用。其次，应注意在一个混合菌剂中，避免相互有拮抗效应的菌群的同时使用。

各种农用微生物菌剂有不同的要求，在此仅对微生物肥料菌剂的农业应用作一点说明。微生物肥料菌剂要求生态适应性强的菌剂，在恶劣环境中生存力强，繁殖力旺，最好还能有促进植物生长功能和抑制病原菌功能。例如枯草芽孢杆菌常常被选为主体菌株。秸秆还田地块宜选纤维素酶和木质素酶活力高的菌株。

微生物菌剂的选用原则还需结合土壤环境、气候变化、作物品种、植被、秸秆抗性以及耕作方式。

结合土种特征，了解当地土壤的实际情况。主要观察土壤持水保肥能力，有机质含量，酸碱性，如能测定土壤 N、P、K 含量，则更有针对性。

贫瘠的土壤应同时使用有机肥和微生物菌剂，特别是沙化或板结的土壤。这类土壤在有机肥供应足量的情况下，施用质量保证的任何一种微生物制剂都有良好的效果。

盐碱土上使用微生物菌剂同样要与大量的有机物如秸秆同时施用，以耐盐碱能力强的芽孢杆菌菌剂为好。

有机质含量高的如长期不见阳光的大棚，应加大微生物菌剂的用量，可视情况（如上茬遗留大量根茎叶已翻入土中）不必配施有机肥。大量使用有一定抗性的微生物菌剂如芽孢杆菌、放线菌还可抑制土传病害。

不施用化肥的林木、牧草生产地区，使用根瘤菌剂效果显著。

大量秸秆一次性原位还田的，除了同时配施少量氮肥调节碳氮比外，应选用纤维素降解能力强的微生物菌剂，如含真菌类与芽孢杆菌的复合菌剂，加速上茬根茎叶分解。

高纬度的低温地区应在收割后抓紧施用耐低温的秸秆腐熟菌，开春后可随春播一同施降解纤维素、促生长的芽孢类微生物制剂，对于土壤沙化严重的并以秸秆原位还田的地区很有必要。

春季阴雨连绵，光照不足的南方多雨地区，结合腐熟有机肥施用多功能的复合菌剂，可以减少因光照不足引起的缺碳型黄化。

保花保果类作物应配施含有荚膜多糖，并能合成植物激素的胶质类芽孢杆菌类微生物制剂。

微生物菌剂的使用必须注意土壤水分的供应和温度的保持，即使应用低温菌种，在土壤温度低于10℃时，也难有显著效果。

使用多功能菌种是一种有效的选择，如有些硅酸盐菌剂既有固氮功能，又可溶磷解钾，还能合成有益的植物激素。

南方红黄壤缺可溶性磷钾，就可以选用溶磷和解钾保钾效果好的磷细菌、胶质类芽孢杆菌。北方盐碱土多，就可选枯草芽孢杆菌类的菌剂。牧草种植区很少施肥，就可施用固氮能力强的根瘤菌剂，非常有效。在长期施用化肥，造成土壤板结或沙化的地区，宜同时施用有机肥，使得施入田中的菌肥有充足的能量，用于增殖和代谢。增强微生物改土功能的地区，不适合用无机石粉作为载体的微生物肥料。（黄为一、李俊）

102. 使用微生物肥料可以提高土壤的抗病性能吗？

实践证明，微生物肥料可以提高土壤的抗病性能，使用微生物肥料能增加土壤中非病原菌的数量。微生物肥料如果和有机肥一起使用，土壤中的有益微生物数量增加会更快。这些非病原微生物大量繁殖，与土壤中残留的病原菌争夺营养和各种生存条件，竞争性抑制了土传病害。这些有益微生物还能分解前茬作物分泌的对后茬作物生长不利的代谢物质，可明显地减缓连作障碍。有些微生物肥料中的菌株，还能分泌抗生素类的小分子物质，对病原菌形成拮抗作用。有的菌株能分泌分子量较大的抗菌肽抑制病菌生长。由于有益微生物大量繁殖，提高了土壤孔隙度，改变了土壤中的厌氧环境，厌氧菌的生存与繁殖受到限制，烂根现象也大为减少。为了充分发挥微生物肥料的抗病作用，宜早施、连年施。有些恶性的病害一旦大规模发生，微生物肥料的抑制作用就会降低。如果发病率在较低水平，如10％～20％时，微生物菌肥的防治效果十分明显。微生物肥防治病害，早防治早得益。高发病率田块，发病率如达到60％以上时，应采用与化学农药共用的综合防治措施，或用浇氨水、覆地膜等措施治理真菌类病害。待病情被压制后，补施微生物肥料有增效作用，可减少化学农药残留，还可抑制下茬或来年病害发生。每年春季在土温逐步升高时，及时施微生物肥料，防病效果明显。（黄为一）

103. 使用微生物肥料可以提高土壤和作物的抗旱性能吗？

施用微生物肥料可以提高土壤和作物的抗旱性能。微生物肥料提高土壤抗旱性主要通过与有机肥或粉碎秸秆混合而表现出来。在贫瘠的土壤中单纯使用微生物肥料不如微生物肥与有机肥混施的抗旱效果明显。微生物通过分解还田的农业有机废弃物、植物根部分泌物、有机肥等而大量繁殖。微生物在增殖的过程中分泌具有黏性的并能吸收水分的荚膜多糖和聚氨基酸类高分子物质，促使土壤团粒结构的形成。土壤团粒结构多了，就会减少土壤毛细孔对水分的蒸腾运输，起到保墒的作用。沙土形成团粒结构可以减少沙土漏水；黏土形成团粒结构可以改善通气性。团粒结构的增加还能减少因风害造成的扬沙。总之，微生物肥料和土壤有机质的协同作用，提高了土壤的保水保肥能力以及土壤的抗旱性能，制止了土壤退化。

国内外的大量研究试验表明，微生物，特别是共生的微生物，能够显著提高与之共生植物的抗旱性。在干旱条件下通过根瘤菌的结瘤固氮，可以提高大豆植株体内的甜菜碱、超氧化物歧化酶等的含量，从而增强大豆的抗旱能力。因此，筛选具有较强竞争结瘤能力的耐旱根瘤菌，充分发挥根瘤菌的生物抗旱作用，对干旱地区大豆的种植和生长具有重要和现实的意义。典型的例子还有AM菌根真菌，它侵入根部并在植物根系周围大量生长，其菌丝除可以为植物提供营养元素外，还可以增加植物根部对水分的吸收，有利于提高植物的抗旱能力。除了根瘤菌与豆科植物可以共生、AM菌根真菌与除十字花科外的其他植物可以共生外，还发现许多微生物能够与植物内生，如甘蔗等作物的内生固氮菌的普遍存在，具有重要的应用价值。

目前市场上出现的生物保水剂，如抗旱菌剂、微生物抗旱保水肥等，这类产品是一种集合了抗旱、保水、控释、改良土壤等多种功能的新型微生物肥料，并融合了氮、磷、钾和多种微量元素，以及氨基酸、腐殖酸等，具有抗旱、缓释、解磷、解钾、固氮、保水、蓄水、改良沙化土壤等多种功能。生物保水剂中功能菌株代谢产物富含高分子天然物质聚谷氨酸（γ-PGA），保湿性强，为常见玻尿酸保水性的百倍以上，是土壤天然的保护膜，能有效防止肥料及水分流失。同时，生物保水剂富含益生菌，可将土壤中的多种矿物质转化为农作物可以利用的营养成分，全面补充农作物植物生长发育和膨大所需要的营养需求，特别是氮、磷、钾、镁等元素，促进作物生长。

在国家发展改革委员会、科技部等5部委联合发布的《当前优先发展的高技术产业化重点领域指南（2011年度）》中的“现代农业”中共列出18项，其中“新型高效生物肥料”作为其中之一，列出了具体的14项技术，其中之一是“土壤保水抗旱生物肥料技术”。可见，从国家需求和生产实践中可知，引导行业进行抗旱菌

剂产品的研发与应用均十分必要。（李俊、黄为一）

104. 使用微生物肥料可以减少农田有害物质吗？

可以，微生物肥料中的微生物在土壤有机质的营养下，大量增殖，新陈代谢强度大为增强，从而分解土壤中有害的化学残留。例如尿素和含尿素复合肥在制造过程中因温度控制失当，产生缩二脲，缩二脲会造成植物烧根，如果同时施用微生物肥料可以分解缩二脲，形成有利于植物生长的氮肥——氨离子。再如前茬由于除草剂使用过量，影响二茬作物生长，如果在二茬作物栽培前就大量使用微生物肥料，前茬除草剂对二茬作物的毒害作用将大为减轻。由于长期连年使用微生物肥料，残留于土壤中的化学农药也会逐年减少。许多微生物肥料中的微生物能降解有机磷农药，并使其中的有机磷转化为可溶磷肥，长期使用微生物肥料，由于微生物与有机质的共同作用吸附、钝化了土壤中的重金属，减少了植株和果实中的重金属，减少了农作物中的化学残留，减少了有害物质对人类健康的损害，提高了农产品的销售收益，也改善了农作物生产的环境。（黄为一）

105. 微生物肥料对前茬遗留在田间的除草剂有何作用？

除草剂是化学合成品，残留于食用农产品中对人类健康不利。使用除草剂可以节省大量的劳动力，但是残留于农田的前茬除草剂往往对后茬庄稼造成很大的伤害。单子叶作物除草剂都会杀死农田里的双子叶杂草，如果二茬种植双子叶植物，就会因上茬除草剂残留而长不好。例如上茬是小麦，二茬种棉花或蔬菜，就因上茬的除草剂残留田间而使棉花或蔬菜长不好；反之亦然。如果移苗时蘸了微生物肥料，就可减少二茬移栽苗死亡或长不好的现象。如果在田间普遍用上微生物肥，便可避免二茬庄稼长势不好的现象。

微生物肥料还可对其他化学品有一定的缓解作用。如果化肥多施了，庄稼长不好，施用生物肥料或者及时补施生物肥都有缓解效果。有的化肥企业在尿素生产时温度控制不好，产生烧苗的缩二脲，如果同时使用微生物肥，就不会有烧苗现象的发生，还可将缩二脲转化为有益的肥料。（黄为一）

106. 施用过微生物肥料的田块是否第二年不需要再施用微生物肥了？

施用微生物肥料后微生物在植物根际大量繁殖，发挥其应有的多种功能，特别是茁壮生长的植物根部，会向土壤中分泌微生物喜欢的营养物质，微生物会增殖得更快更健壮，其功能发挥得更加强大。随着作物生长周期走向衰老，根部菌群也会减少。作物收获后带走了部分菌体，秋冬季节营养缺乏，温度下降，微生物会大量死亡，总的说来每茬庄稼收获后土壤微生物是下降的，在有机质特别丰富，并且实施秸秆还田农艺操作的田块，菌群数量会维持一段时间。大棚种植土壤在有机质丰富的情况下菌群数量维持较长，但是菌群总量是下降的。随微生物菌剂带到田间的营养大多被植物吸收，笔者主张第二年或第二茬后继续使用微生物肥料。生长期长的作物在不同生长阶段可以使用蘸根、条施、穴施覆土，以及有针对性地在不同生长期喷施微生物菌剂。

多年生乔木或灌木在根部开沟，辐射状沟或滴水线沟、条状沟皆可，施后覆土。多年连续施用微生物肥在果园和蔬菜大棚种植中除产量增加外，都表现出品质改善和病虫害减少的趋势。在有机质高，也未有病虫害侵染的田块，第二年停用微生物肥产量并无显著差异，但品质差异较大。使用菌肥是养地的过程，越用田地土壤越好，产量品质越稳定。连续使用菌肥的效果是显著的，除非第二年不种地了，转让给其他人种，接手的人有长远打算的会连续使用微生物肥。（黄为一）

107. 微生物肥能防止土壤沙化吗？在恢复沙漠植被中有何作用？

能防止土壤沙化。微生物肥防止土壤沙化要靠微生物与有机肥的共同作用。微生物本身含有使沙化土壤团粒化的物质，微生物肥中也带有供微生物生长繁殖的少量有机质。当这些物质消耗完后，如土壤中也缺乏有机质，微生物防止土壤沙化的功能也就减弱了。微生物防止土壤沙化，必须要有可供分解的有机物提供能量供其生长繁殖。有机物被微生物分解形成的物质如胞外多糖，也是防止土壤沙化的物质。

恢复沙漠植被最重要的是水，恢复沙漠植被可从半干旱地区做起。沙漠周边的半干旱地区或沙漠绿洲边缘不是全年一滴雨没有，可以利用微生物肥和有机质的持水功能，在恢复植被地区大量使用生物有机肥造林植草。使造林植草时浇的水和短暂的雨水持蓄于根部的生物有机肥中，延长水的使用期，减少有限水分的蒸腾，延长沙漠地区少量雨雪的有效期。生物有机肥是拓展绿洲和半干旱地区耕作面积，改造荒漠的有效武器之一。微生物肥也是控制长期使用化肥，连年焚烧秸秆地区土壤沙化的有力措施。只要每天收割时将秸秆原位还田并喷上微生物秸秆腐熟剂，就能改变土壤沙化现象。（黄为一）

108. 如何才能用好秸秆腐熟剂？

秸秆腐熟剂的使用可以提高土壤有机质，改善土壤品质，加强保肥保水性能，早春和秋冬季还能提高地温，减少扬沙，抑制土壤退化。秸秆腐熟剂的使用可以抑制秸秆焚烧的简单处置方法，改善空气环境质量。要用好秸秆腐熟剂首先应选择品质好的产品，使用时应注意保湿、保温、疏松透气，与秸秆混合均匀。腐熟剂使用方法主要有两种：一种使用方法是收获时随粉碎秸秆一起翻入土中，此方法又称之为秸秆原位还田法，适用于大型农场机械化收割。大型收割机收获时随时将秸秆切断成 5 厘米以下的短秆，拌入秸秆腐熟剂，施入田中，并经旋耕覆盖于土中。如果菌剂中含有固氮菌，在秸秆腐熟过程中还可固定一定量的氮，增加土壤肥力。此方法节省劳动力，但受制于土壤湿度和温度，在干旱地区温度低时，腐熟过程很长，一般需等待雨雪过程，来年气温升高后腐熟过程才开始加速。由于此方法秸秆和腐熟剂分散于土壤中，腐熟温度不是很高，达不到完全杀灭上茬留下的病菌、虫卵和杂草种子，第二年还得使用少量农药。

另一种使用方法是将秸秆或蔬菜大棚清理出的茎叶等切断后，集中放置于田外或田中土沟，混入腐熟菌剂覆土浇水，有的地区为了保温保湿还盖上地膜，甚至拌入少量尿素溶液，调节碳氮比，加速菌剂繁殖和腐熟过程。此方法发酵温度高，相对第一种方法快许多。堆置过程中秸秆温度可达 60℃，并能保持一段时间，对杀灭上茬秸秆中遗留的病菌、虫卵和杂草种子非常有利，但劳动力消耗较多。既要把秸秆从田中搬出，又要将腐熟好的秸秆搬入田中作基肥。腐熟过程是耗时的，北方原位还田法一般需 4～5 个月，南方夏秋也需要 2 个多月。对于复种指数高的地区适于在田外建槽发酵，既保证秸秆腐熟充分，又能冬季发酵，全年处理各种农业废弃物。如果秸秆腐熟与畜禽粪便资源化相结合生产有机肥，形成现代农业的环保配套企业，是一个行之有效的好办法。既提高了秸秆腐熟做肥料的品质，又增加了有机肥的产量，保护了环境。（黄为一、李俊）

109. 不同的作物对微生物肥的使用是否有不同的要求?

微生物菌肥适用于所有的作物。施用微生物菌肥后普遍使土壤生物量增加，如果同时配施有机肥，水分温度得到满足时，微生物繁殖加快，生物功能更加活跃，微生物肥料的多种特性得到充分发挥。不同的作物是否对不同的微生物肥料有不同的要求？直至目前，由于农田土壤巨大的缓冲性，使用不同的微生物在不同的作物上没有表现太多的不同作用。微生物肥料的作用是和有机质共存共同显现的，保证质量的微生物菌剂在不同的作物上表现出更多的普适性。

在微生物肥料品种大类划分上应该注意对不同作物的适用性。例如，在生物有机肥中，在保证微生物存活率的前提下添加无机化肥的（俗称生物有机无机复合肥，有些地区称全价复合肥），就应注意不同作物对氮磷钾的不同需求。为了保花保果的目的，在开始显现花蕾时，就可以采用发酵的液态生物肥喷施。在苹果园里将落叶和修剪下的枝条拌入微生物菌液或菌肥后覆土，对来年产量和品质都有正面效果。如果果园树下种了绿肥，可施豆科相匹配的根瘤菌肥，在翻耕绿肥入土时同时喷菌液或拌入菌肥效果非常好。茶园不应一味地追求产量而施过多的氮肥，从而影响茶叶品质。茶农的收益不仅来自产量，品质也是决定收益的重要因素。应用微生物肥料，可以减少树下枯枝败叶的存量，配以少量化肥，对提高作物品质和产量都有好处。同样烟草田施用微生物肥可以减少残存烟叶和烟梗的残留，同时与微生物肥翻入土中，连年如此可减少病害，改善品质。免耕水稻田为了防止灌水后未造粒散装生物有机肥大量浮于水面随风飘荡，宜选用造粒生物肥。液体生物肥用于插秧前的浸秧苗根，扬花前夕喷施都取得了很好的效果。微生物肥料用在中草药生产中都有不错的效果，一方面减少了化肥用量，另一方面保证了中草药的有效成分不致下降。蔬菜大棚里没有风吹，就可选用价廉未经造粒的固体生物肥，可以节约因造粒而抬高的成本。施用液体生物肥可以节约劳动力。大棚中连年施用生物菌肥可以减少棚内的植物病虫害。

微生物都需要一定的营养才能繁殖生长。用矿粉作吸附载体的微生物肥料，用于板结或沙化土壤效果欠明显，只能用于有大量有机质的秸秆还田的土壤或有机质非常丰富的田地，其效果显著。如果是与植物体共生的结瘤性微生物可从植物体得到营养，繁殖生长。草原豆科牧草对土壤要求低，缺少有机质的土壤也生长良好。利用植物光合作用产生的能量物质，将空气中的氮气变成植物可利用的氮肥，这种有固氮能力的根瘤菌肥特别适合于不施肥的草原种植豆科牧草，如苜蓿。豆科牧草是提供人类优质蛋白的植物，牛羊喂饲这类牧草后产奶多、质量好，奶制品含蛋白多，长肉特别快。但是，给肥沃土壤特别是大量使用氮素化肥的地块，施用固氮的根瘤类微生物菌肥，则效果不明显，例如有些花生大豆田块撒施尿素。固氮类的生物菌肥当环境中有肥料可吃，它们决不肯花力气去从事消耗体力的生物固氮工作来肥田的（即固氮酶的氨阻遏效应）。因此，使用生物菌肥应该注意应用作物种类和环境特点，才能获得期望的效果。（黄为一）

110. 如何针对我国不同种植区域选用微生物肥料产品？

我国幅员辽阔，不同种植区域土壤环境差异很大。例如我国中东部地区土壤耕作多年，由于长期撒施尿素，除了使用固氮类菌肥效果不够显著外，施用各种微生物菌肥都获得了很好的效果。我国南方大多为红黄壤，就应使用解钾溶磷的菌肥，如胶质芽孢杆菌和巨大芽孢杆菌，并补充一定的化学氮肥。热带水果在开花期喷施胶质芽孢杆菌液，能保花保果。如荔枝、桂圆上施用胶质芽孢杆菌有显著的效果，可以减少落果，增加产量，口味大为改进。在北方大棚草莓移栽和开花前后喷施硅酸盐菌剂明显增产，并可赶上春节销售高峰。在我国北方和西北地区不少地方盐碱严重，施用枯草芽孢杆菌和地衣芽孢杆菌都有很好的效果。当然在那些土壤十分贫瘠的地区，配施生物有机肥和适量针对性的化肥，包括中量元素和微量元素肥料，效果非常明显。在我国东北地区，黑土地退化沙化现象出现，应该重视秸秆还田，选用解纤维能力强的芽孢杆菌。这类杆菌如枯草芽孢杆菌还能分泌抗菌肽，长期使用有一定的植物保护功能。我国草原地区一般不施肥，长期靠天放牧，收割牧草运销南方，供喂饲牛羊，能显著提高牛奶蛋白含量，增加牛羊肉产量。草原豆科牧草是我国潜在的重要蛋白资源。随着进入小康社会，我国饮食结构中肉奶蛋白比例趋势上升，对牧草施用根瘤菌剂，成为了微生物菌肥的巨大市场，牧草成为了牧民致富的重要资源。我国小麦、玉米种植地区，由于只追求产量不重视质量，大多施化肥，如果为了保护土壤质量，秸秆还田应配施降解秸秆的菌剂。（黄为一）

111. 在蔬菜种植中如何选用微生物肥料产品？

目前蔬菜种植中主要有大田露地栽培和大棚设施栽培。栽培品种可分为叶菜类、茄果类和根茎类等。

大田露地栽培最好和有机肥一道使用，已被有机肥吸附的固体微生物菌剂，可以直接施用于田中。如果施肥后覆土，可以用粉状菌剂，不需造粒，即节约成本，效果又快。

如果该田块是多年种植蔬菜的菜园土，可以选用液体菌剂在翻土时喷施或浇灌就可以了。

大棚蔬菜栽培，可以选用粉状由有机肥吸附的微生物菌剂。省钱又省事的方案是直接选用液体菌剂，随水浇灌或滴灌、喷施都可以，既施了肥又可大幅度减少大棚蔬菜的病害。

蔬菜栽培初期大都涉及育苗和移栽。育苗盆钵中的育苗基质，如营养土可选用液体微生物菌剂，先拌入育苗基质中，或在移栽小苗时，将小苗在液体微生物菌剂中蘸根，然后再栽入田块。

如果在开花后期和现果期，用分泌胞外多糖的液体硅酸盐菌剂喷施，可减少落花落果，从而增加产量，并增加甜度。

在各类蔬菜中以选用芽孢杆菌为主体的微生物肥料为佳。除了防止某种病害要选用某真菌外，一般不提倡以真菌为主体的微生物菌剂。真菌类微生物菌剂虽有强大的降解蔬菜败叶的功能，但也易引发病原真菌繁殖的现象。

茄果类和根茎类以选用溶磷解钾为主要功能的菌剂为佳。马铃薯既是蔬菜，又是排在水稻、小麦、玉米之后的第四大粮食作物，马铃薯收获后留在田间的秸秆难以处理，如果喷秸秆腐熟剂后耕入土中很快腐熟分解，是二茬很好的肥料，特别对喜钾作物有益。(黄为一)

112. 不同作物施用微生物肥料应注意些什么?

微生物肥的商品形式主要有固体和液体两种。针对不同作物施用方式也有不同，不同的耕作方式在施肥中也应注意不同的使用方式。

大田作物一般一次性施足固态生物有机肥作基肥，可以根据产量和栽种密度可在100～1 000千克/亩之间调整。基肥施得比较省的可在不同生长时期追施些化肥。例如在分蘖期、扬花期、灌浆期补点氮肥。在播种时可以用液体生物肥拌种，在移栽时也可用生物肥蘸根，再栽入大田。这些措施都是为了使经济效益相对低一些的大田作物节省成本。

经济效益相对高的大棚作物、果树、蔬菜、茶叶等就应根据不同情况而定。例如，果树可沿树冠滴水线开沟施足基肥后覆土，每亩施肥量随产量递增，高的可达1吨，还有整个生育期生长相对稳定的番茄、黄瓜、茄子、芹菜、大葱等也可一次施足基肥。为了提升直接生食型瓜果的口味，可在后期补少量生物钾，也可在瓜果开花前期、幼果出现期喷施液体生物肥可以减少落果，茄子、辣椒就是如此；同样的措施用于西瓜、草莓还有增加甜味的功效。生长后期营养消耗高的如水稻、西瓜、萝卜，除基肥充分外，后期补充液体生物肥都表现出优良的效果，产量和质量都得到了提升。后期补充化肥的产量虽有提高，但质量提升不明显。大棚蔬菜不宜一次施大量的基肥，一次性施入太多的化学氮肥，蔬菜存在硝酸盐含量偏多的可能，分多次少施固态生物有机肥为好。对于生育期短的菠菜、生菜等类型蔬菜施用生物有机肥，一定要注意必须使用充分发酵的，并且只需施一次就有好的品质和产量。液态微生物肥往往与灌概同时并用，由于浇水总量增加，化肥用量减少，有减少大棚土壤盐渍化的效果。对于整个生长期耗肥明显的露地栽培的结球甘蓝（包菜）、大白菜等，应施用发酵充分的生物有机肥。根据长势注意后期是否追加一定的速效氮肥，对产量有明显的效果。

生物有机肥作基肥用于果树与化肥相比，普遍有改善口感增加甜度的效果，特别是花期喷施液态硅酸盐菌剂可显著减少桂圆、荔枝的落果，增加产量，也增加甜度。连年长期在果园里施用充足的生物有机肥，还可使果树大小年的现象不再明显，梨树连续3～5年使用硅酸盐菌剂，在不用或少用农药的情况下病害也在减少。

对于次生代谢物含量多少影响茶叶、中药材等品质的农作物，施用生物有机肥将有明显的效果。施用化肥的茶叶、中药材产量可能很高，但品质和药效不如施用生物有机肥的好。生物有机肥能增加影响茶叶品质的次生代谢物增加，增加中药材疗效的成分增加。（黄为一）

113. 微生物肥在林木生产中有什么作用?

林木生产的林地覆盖着大量的枯枝败叶，干旱季节是火灾事故易发地区。施用微生物肥料，可以让这些枯枝败叶腐熟成有机质，对林木生长和蓄持水分大有益处。南方以生产速生木材为商业用途的林地往往用化肥催生，采完木材后林地寸草不生。如果在施用化肥时，同时配施生物有机肥可以减少这种状况，还可加速木材生长。林区应用生物肥料育苗已有试验，林区使用生物肥也达一定的试验规模，尚在积累经验和相关资料阶段，这是生物肥应用有待开发的领域。在南方城市由于城市绿化养护，每年有大批的枯枝败叶和修剪下的枝条难以处理，如果结合养殖业废弃物和生活餐厨垃圾等，建立环保企业联合处理这些废弃物，是城市美化净化环境的长效措施。北方地区地多人少，低温季节长，尚未有施用微生物菌剂的区域，今后可望有较多的试用试点。（黄为一）

114. 微生物肥料在贮存和运输过程中应注意什么?

微生物肥料在贮存和运输过程中应该注意干燥和低温，使其有效活菌数缓慢下降，并保持在有关标准要求的指标以上。固体菌肥也不宜长时间堆积在潮湿的环境，应注意通风、低温和干燥，免得因污染杂菌引起的二次发酵，使杂菌生长。液体菌肥同样应注意保持低温存放，以免活菌体利用液体菌剂中尚未用完的营养成分产气，产生胀瓶现象。有些生产厂家采用透气不透水的瓶盖可以避免胀气现象的产生，微生物肥在贮运过程中还应避免暴晒。在高寒地区固体微生物肥料并不怕冻，第二年春季解冻后照样使用。液体菌剂结冰后，在使用前应让其缓慢融化，再行使用，不应放入热水或其他热源中迅速融化。迅速融化过程会影响活菌含量。注意贮运过程保持干燥和低温的微生物菌肥，一般能满足国家标准要求的保质期，从跟踪调查的结果显示，只要保管得当，一般在 18 个月都能达到标准的要求。也就是说在我国大部分地区第一年进的货未能销售，第二年春耕仍能使用。(黄为一)

115. 有没有一种简单易行的检测生物有机类肥料质量的方法?

有，抓一把固体生物有机肥，看一看嗅一嗅，好的生物有机肥应该不臭，呈深咖啡色。黑的就可能掺煤粉多，臭的是发酵不充分。用一只瘦长的玻璃杯，有一定深度的为好，盛满清洁的水，放入一小把菌肥，用筷子搅拌让其溶化开，然后静置数分钟，观察玻璃杯中肥料分层现象。如果要检测的是生物有机肥或复合微生物肥，应该是水杯上层浮起的物质越多越好，水杯下层沉淀越少越好。中层应为深咖啡透明液体，这是简单易行的粗略检测生物有机肥质量好坏的方法。如果有条件的地区，可以蘸取少许中层水放在显微镜下观察，在高倍镜或油镜下观察细菌越多越好。从形态上可初步判断活细菌占多少。若要准确判断活菌配比，则需要专业部门去检测。如果是矿质粉末作载体的纯生物肥料，并不要求玻璃杯上层飘浮物多，只看中层水在显微镜下细菌的多少。如果是液体菌肥，也可摇匀菌液在显微镜下直接观察微生物的多少。如果是复合微生物肥，也可使用玻璃杯法，好的复合微生物肥也是上浮物越多越好，沉淀越少越好。用此方法还可检测复合微生物肥中是否掺有很多黏土或掺煤干石粉。如果掺有这些杂质，则沉淀是相当多的。这仅是一个简单快捷的方法，准确地测定生物有机类肥料品质，还得依靠相关的专业技术部门。（黄为一）

116. 沼渣沼液是否也是微生物肥？如何合理施用？

沼气池产生的沼渣沼液广义上说属于有机类肥料。只有添加功能微生物且达到相关标准要术后才能称之为微生物肥料。沼液沼渣在分解有机废弃物时，起作用的微生物是厌氧微生物。厌氧微生物在沼气池中以有机废弃物为食物，在多种微生物协同分解这些食物时，利用其中的碳和氢转化为甲烷等可燃气体，同时也产生一定量的二氧化碳，这种混合气体就是沼气。不能分解的和分解过程中形成的中间产物沉淀下来，成为沼渣和溶有中间产物的沼液。厌氧环境中形成的多种中间物质，大多带有令人不愉快的气味。沼渣和沼液中的微生物遇到空气大多死亡。厌氧微生物在通气的土壤中不能生存，也就没有生物菌肥具有的生物活性。它们产生的沼渣沼液含有的中间产物是植物的营养，是优质肥料。厌氧微生物及其活性只是在板结的沼泽地、终年积水的水稻田里有一定的效果。中国虽是稻米种植大国但大多数水稻种植采用放水耕地，从插秧到收获还要多次放水晒田，并不会大量释放称为温室气体的甲烷。

农村小型沼气是处理大量秸秆类废弃物，又能获得生物能和良好生态环境的措施。优于将秸秆直接焚烧或压缩后用于取暖等措施。大型沼气解决废弃物污染，产生热水，又能发电，是许多企业乐于采用的环保节能措施，但沼渣沼液的出路是应该引起重视的问题。沼渣沼液都很臭，且养分含量不是很高，运输成本和肥力是否相称，是不得不考虑的问题。如果倾倒于少数附近集中田块，长期的会污染地下水，影响井水饮用安全。轮流分散倾倒则运输成本高。比较成功的方法是和滴灌结合，特别是和果园滴灌结合，在缺水地区的果园更受欢迎。这个方法的缺点是一次性投资偏高，滴灌网建设需投资，但避免了清理沼池的臭气，果树多年产出与一次性投资是划算的。如果将沼池建于高地，要注意滴灌头的堵塞，此方案是一个不错的选择。（黄为一）

117. 生物有机肥如何抑制病原微生物，减少病害发生？

生物有机肥和病原菌都是微生物，都要生存，都以有机质为食物（无机营养型微生物除外，它们一般对植物和人畜无害）。

病原微生物入侵生长中的植物或动物，以植物或动物的生命体作食物，进行有机物无机化而生存，其结果带来灾害并难以继续生长。非病原微生物将动植物的残骸作为食物，进行有机质的无机化过程得以生存，实现了自然界的物质循环。

病原微生物侵染未成熟的作物，也毁了自己的生长。随着未成熟作物的病死，自己也大量死亡。人类与病原微生物争夺食物，虽用农药杀死病原微生物，但自己食用的作物由于农药残留而损害自己的健康，甚至影响自己的后代繁衍。

生物有机肥中的非病原微生物抑制病原菌的方式主要有如下几种：①分泌抑制病原菌的物质，如抗生素，对病原菌有针对性的抑制，有的分泌较为广谱的抗菌肽，可以同时抑制多种病原菌，如枯草芽孢杆菌产生的枯草芽孢抗菌肽。它们对人类没有什么副作用，也不会像抗生素长期使用产生抗药性病原菌。②由于生物有机肥中的微生物量大，生长快，它们依靠不再生长的有机质就能繁衍生长。对依靠生长中的有机质（动植物）生长繁殖的病原菌，也产生竞争性抑制作用，即生物肥中的微生物的存在，与病原菌争夺生存空间。连续使用生物有机肥的田块，原来的植病逐步减少。例如多年生的果园，原有的病害（如梨园的黑斑病）在连续使用生物有机肥后，在未使用农药的情况下，原有病害逐年减少。生物有机肥是否能和农药一道使用呢？一般来说生物有机肥不宜和杀菌的抗病农药和消毒剂混合后一道使用，生物有机肥可以和杀虫的农药一道使用，但要在农药稀释后再一道使用。化肥和除草剂同样如此，在化肥除草剂稀释后和生物有机肥可以一道使用。（黄为一）

118. 鸡粪直接施于田间，肥力大于工厂发酵的有机肥，特别是后劲足，有这样的事吗？

肥料肥力大小的比较必须经严格的组成分析，同等分量的两种肥料经分析化验再比较相同成分的多少，特别是氮、磷、钾、有机质、中微量元素等主要成分。经过发酵的有机肥在发酵过程中微生物分解有机质时，同时还合成了许多对庄稼生长发育有益的具有生物活性的小分子碳化物。有机肥在发酵时由于微生物的呼吸作用，氧化了一部分有机质。工艺不过关的制造厂臭气熏天，损失了肥料的部分肥力。制造工艺好的肥料厂在发酵过程中没有什么臭气，这是由于发酵过程保住了肥力。好的发酵过程由于温度升高到60℃以上，杀死了不能耐受高温的病原菌（植物病原菌一般在55℃就死了）。发酵过程中持续的60℃高温也杀死了病虫卵和杂草种子。发酵过程应控制温度不要高，并控制pH在5～6左右，不宜超过7，以免臭气冲天，造成氮和硫的损失，影响肥效。连续使用发酵好的生物有机肥，田间病虫草害少，农药花费也少。农药用得少或不用农药的农产品化学残留少，对健康有益，售价也好，利于农民增收。

根据盆栽试验，相同分量与相同肥力成分的生鸡粪与发酵好的生物有机肥进行对比，在农作物整个生育期生物有机肥效果好于生鸡粪。用生物有机肥的没有发现病、虫、草害。用生鸡粪的有病、虫发生，草害不明显（由于对比试验控制因素多，盆栽易控制对比条件。大田可变因素多，不易对比，未能做精确的大田对比试验）。

用鸡粪发酵制成的有机肥对庄稼犹如煮熟的食物，既卫生又易于消化，生鸡粪是生米生菜，既不卫生又不易消化。生鸡粪直接施入农田还要经微生物的腐解过程，这个过程相当一部分是处于厌氧态，会造成烧苗烂根现象。加上农药的大量使用提高的成本，且化学残留高造成的农产品无法进入市场的风险，这些对于农业经营者都需要综合考虑。综上所述，认为生鸡粪直接下田后劲足，会有利于整个农业生产过程的观念，可能是主观臆想成分多了一些。（黄为一）

119. 微生物肥料在水产养殖业中有什么作用?

在水产养殖业中使用微生物肥料，特别是使用微生物肥料的液体剂型，能使养殖水域环境质量大幅提升，微生物肥料施于养殖水体能迅速分解水体中的多余饲料或不适合作为饲料的有机物，将这些有机物分解为易于沉淀的无机物，使水体洁净透明度大为提高。微生物肥料中的微生物在分解有机物的过程中，自身也大量繁殖形成水产生物的饵料。微生物饵料一般易被水生生物捕食消化吸收，从而有利于水产生物产量的增加。

除了改善水体环境质量，有的微生物还能调节水体的酸碱度，使得养殖水更适合水产生物的生长发育。由于生物肥料中的微生物在水体中迅速增殖，并可抑制病原微生物的生长，从而减少水生生物病害的发生。

在一些刚开发的养殖水域或太贫瘠的水体，可以使用生物有机肥来肥水，增加有机质和水生微生物的繁殖，从而增加养殖生物的饵料，提高养殖水产的产量。水产养殖应用微生物肥料需注意微生物种类的选择，例如枯草芽孢杆菌有利于水质的提高，特别适用于有机污染混水的改造，老养殖塘的修复。乳酸菌适合水体 pH 的调节。酵母菌和光合细菌更适于作为饵料，特别是幼小鱼、玚、蟹苗的存活和促长。不同的微生物施用也要注意它们对环境的不同要求。例如枯草芽孢杆菌用于净化改水时，就应该同时开增氧机，其效果快速而又明显。用光合细菌增加营养，就应加强光照而不必开启增氧机了。（黄为一）

120. 微生物肥对城市园林绿化废弃物处理有什么作用？

随着城市绿化的巨大进步，行道树、园林区每年都产生许多修剪下来的枝条和枯枝落叶。绿化废弃物随着绿化规模的扩大和树木的生长逐年增加，难以处理。过去树小，绿化率低，绿化废弃物并未对城市形成很大的压力，只需要几年一修，运至远郊填埋或焚烧即可，处理量也不很大。近年来城市化进程越来越快，特别是南方大中城市，因气温较适合树木生长，修剪枝条、枯枝败叶增长迅速，老的处置办法无法适应新的形势。由于环保要求的提高，绿化废弃物不能焚烧，远郊填埋场地短缺，运输费用增长，城市绿化部门都在寻求一种符合生态环境保护的可持续发展的处理方法。微生物降解法是最符合生态循环，可持续发展的处理方法。结合微生物肥料生产，将绿化废弃物经微生物发酵处理，不仅能使废弃物大幅减量，还生产出一定量的肥料提供给新老绿化区使用，如有富余还可供郊区农业生产使用。

经实践比较得出，槽式移动床发酵的人力和能源消耗较低，对周围环境影响也小，便于存放收集绿化废弃物，不需另建堆集场所，相对投资低，效率高，南北方都适合。在农村此方法还适用于桑枝和葡萄枝的发酵处理，如果结合养殖业废弃物发酵，将改善养殖业生态环境，减少疫病发生，同时改善枝条发酵的营养条件，加速枝条发酵，提高生物有机肥产品质量。如果修剪下的枝条藤蔓用于板结土壤或沙土地改造，发酵过程只需保持在 60℃以上一周左右，就可以出料施入田间，这不仅可以省去后发酵所需要的一定时间，还缩短了占用厂房的时间。该措施可提高发酵槽的处理能力，用有限的槽处理季节高峰时的大量废弃物，大幅度提高处理槽的生产效率。但需要说明的是，如果用园林绿化废弃物生产的肥料产品，用于追求口感和口味的瓜、果、蔬菜、茶叶等食用农产品时，一周的发酵时间是不够的，应注意堆料发酵时间充分和植物营养成分的调节，譬如将槽发酵时间延长到一个月左右，在发酵过程中适当添加氮素和钾素营养。（黄为一）

附录　微生物肥料重要标准摘录

微生物肥料标准体系概述

微生物在我国农业中的重要作用日益凸显，农业中面临的减肥增效、土壤修复与健康维护等重大难题的解决都离不开微生物的应用。成立于 1996 年的农业部微生物肥料和食用菌菌种质量监督检验测试中心，一直主持承担我国微生物肥料标准研制工作，历经近 20 年的努力，构建了国际首创的微生物肥料标准体系，推进了微生物肥料的标准化与产业化，推动了微生物肥料在培肥土壤、提高肥料利用率、增产提质、节本增效和环境友好的规模化应用。

农业部微生物肥料质检中心在农业部和科技部的标准专项的持续支持下，2002 年规划出由基础标准、菌种质量安全标准、产品标准、方法标准和技术规程 5 个层面 20 余个标准名录构成的微生物肥料标准体系。通过多个农业部行业标准专项和国家标准的立项，截至目前，该中心作为第一起草单位已研究制定并颁布实施的微生物肥料标准共计 30 余项，其中国家标准 3 项。在构建的标准体系中，基础标准包括《微生物肥料术语》（NY/T 1113—2006）和《农用微生物产品标识要求》（NY 885—2004）；菌种质量安全标准由《微生物肥料生物安全通用技术准则》（NY/T 1109—2006）、《硅酸盐细菌菌种》（NY 882—2004）、《根瘤菌生产菌株质量评价技术规范》（NY/T 1735—2009）和《微生物肥料生产菌株质量评价通用技术要求》（NY/T 1847—2010）组成；产品标准有《农用微生物菌剂》（GB 20287—2006）、《生物有机肥》（NY 884—

2012)、《复合微生物肥料》（NY/T 798—2015）和《农用微生物浓缩制剂》（NY/T 3083—2017）；方法标准包括《肥料中粪大肠菌群值的测定》(GB/T 19524.1—2004)、《肥料中蛔虫卵死亡率的测定》（GB/T 19524.2—2004）和《微生物肥料生产菌株的鉴别PCR法》（NY/T 2066—2011）；技术规程有《农用微生物菌剂生产技术规程》(NY/T 883—2004)、《农用微生物肥料试验用培养基技术条件》(NY/T 1114—2006)、《肥料合理使用准则　微生物肥料》(NY/T 1535—2007)、《微生物肥料田间试验技术规程及肥效评价指南》(NY/T 1536—2007)、《微生物肥料菌种鉴定技术规范》（NY/T 1736—2009)、《微生物肥料产品检验规程》（NY/T 2321—2013）和《秸秆腐熟菌剂腐解效果评价技术规程》（NY/T 2722—2015)。这些标准构成了具有我国特色的微生物肥料标准体系，也是国际上首创的微生物肥料标准体系。它实现了我国微生物肥料标准研究制订的跨越，完成了从单一的产品标准发展到多层面的标准、从农业行业标准升至国家标准、标准内涵从数量评价为主到质量数量兼顾的3个转变的目标。鉴于在标准研究与制定的出色成绩，2005年获中国农业科学院科技进步二等奖。这些标准为我国开展微生物肥料登记管理提供了坚实的技术保障，也是我国近20年微生物肥料产业持续稳定发展的技术支撑。

微生物肥料术语（NY/T 1113—2006）

1 范围

本标准规定了微生物肥料产品类型、菌种、培养基、灭菌、生产和质量检验等方面的主要术语。

本标准适用于微生物肥料生产、质检、应用、科研和教学等领域。

2 产品类型

微生物肥料 microbial fertilizer；biofertilizer

含有特定微生物活体的制品，应用于农业生产，通过其中所含微生物的生命活动，增加植物养分的供应量或促进植物生长，提高产量，改善农产品品质及农业生态环境。

注：目前，微生物肥料包括微生物接种剂、复合微生物肥料和生物有机肥。

微生物接种剂 microbial inoculant

［微生物］菌剂

一种或一种以上的目的微生物经工业化生产增殖后直接使用，或经浓缩或经载体吸附而制成的活菌制品。

单一菌剂 single species inoculant

由一种微生物菌种制成的微生物接种剂。

复合菌剂 multiple species inoculant

由两种或两种以上且互不拮抗的微生物菌种制成的微生物接种剂。

细菌菌剂 bacterial inoculant

以细菌为生产菌种制成的微生物接种剂。

放线菌菌剂 actinomycetic inoculant

以放线菌为生产菌种制成的微生物接种剂。

真菌菌剂 fungal inoculant

以真菌为生产菌种制成的微生物接种剂。

固氮菌菌剂　azotobacteria inoculant

以自生固氮菌和/或联合固氮菌为生产菌种制成的微生物接种剂。

根瘤菌菌剂　rhizobia inoculant

以根瘤菌为生产菌种制成的微生物接种剂。

硅酸盐细菌菌剂　silicate bacteria inoculant

以硅酸盐细菌为生产菌种制成的微生物接种剂。

溶磷微生物菌剂　inoculant of phosphate-solubilizing microorganism

以溶磷微生物为生产菌种制成的微生物接种剂。

光合细菌菌剂　inoculant of photosynthetic bacteria

以光合细菌为生产菌种制成的微生物接种剂。

菌根菌剂　mycorrhizal fungi inoculant

以菌根真菌为生产菌种制成的微生物接种剂。

促生菌剂　inoculant of plant growth-promoting rhizosphere microorganism

以植物促生根圈微生物为生产菌种制成的微生物接种剂。

有机物料腐熟菌剂　organic matter-decomposing inoculant

能加速各种有机物料（包括作物秸秆、畜禽粪便、生活垃圾及城市污泥等）分解、腐熟的微生物接种剂。

生物修复菌剂　bioremediating inoculant

能通过微生物的生长代谢活动，使环境中的有害物质浓度减少、毒性降低或无害化的微生物接种剂。

复合微生物肥料　compound microbial fertilizer

目的微生物经工业化生产增殖后与营养物质复合而成的活菌制品。

生物有机肥　microbial organic fertilizer

目的微生物经工业化生产增殖后与主要以动植物残体（如畜禽粪便、农作物秸秆等）为来源并经无害化处理的有机物料复合而成的活菌制品。

3 菌种

种 species

在微生物学中，由表型特征极其相似、具有稳定的遗传性状菌株组成，并与其它类群的菌株存在明显差异。

菌株 strain

属于同一个种，但来源不同的单细胞或纯培养的后代。

菌落 colony

微生物在固体基质上生长繁殖形成的肉眼可见的、具有一定形态特征的细胞聚集体。

菌苔 lawn

大量微生物细胞密集地生长在固体培养基表面而形成的相互连接成片的培养物。

分离 isolation

将微生物个体从含有微生物的样品中分离出来的技术。

纯化 purification

从混杂的微生物群体中，分离获得同一种微生物个体的技术。

筛选 screening

从微生物的群体中，采取相关的技术，选择出目的菌株的过程。

鉴定 identification

对未知微生物菌株进行性状观察和测定，根据规范的参数或检索系统，用对比分析的方法确定该微生物分类地位的过程。

退化 degeneration

菌株的特定性状逐代减退或消失的现象。

复壮 rejuvenation

针对菌种退化而进行的恢复其原性状的过程。

保藏 preservation of microorganism

使菌种保持其活力、固有的遗传和生理生化特性，以及形态特征的微生物学技术。

4　生产菌种

固氮菌　azotobacteria；nitrogen fixing bacteria

具有生物固氮功能的各种细菌的通称。

根瘤菌　rhizobia

能与豆科植物共生，形成根瘤，并进行生物固氮的一类革兰氏阴性杆菌。

硅酸盐细菌　silicate bacteria；silicate dissolving bacteria

能分解硅铝酸盐类矿物，释放钾素营养的细菌。

注：目前用于生产菌种的主要是胶质芽孢杆菌（*Bacillus mucilaginosus*）和土壤芽孢杆菌（*Bacillus edaphicus*）。

溶磷微生物　phosphate solubilizing microorganism

能分解有机磷化合物或溶解无机磷化合物的微生物总称。

光合细菌　photosynthetic bacteria

能利用光能进行细胞代谢活动的细菌。

菌根真菌　mycorrhizal fungi

能与植物根系共生形成菌根的真菌。

丛枝菌根真菌　arbuscular mycorrhizal fungi

能与植物根系形成丛枝菌根的真菌，简称 AM 真菌。

植物促生根圈微生物　plant growth-promoting rhizosphere microorganism

存在于植物根圈的一类能够产生植物生长物质，或是通过对有害微生物的抑制促进植物生长的微生物的总称。包括植物促生根圈细菌（plant growth-promoting rhizobacterium，PGPR）和植物促生根圈真菌（plant growth-promoting rhizosphere fungus，PGPF）。

5　培养基

培养基　medium；culture medium

由人工配制的适合微生物生长、代谢、繁殖和保存的营养基质。

种子培养基 seed medium

为获得微生物接种物而制备的培养基。

发酵培养基 fermentation medium

为获得微生物发酵终产物（菌体和代谢产物）而制备的培养基。

天然培养基 natural medium

用动植物组织或微生物细胞及其提取物、粗消化产物制成的培养基，其营养丰富但不知确切成分。

合成培养基 defined medium

由成分和含量都已知的化学试剂配制成的培养基。

半合成培养基 semi-defined medium

既含有天然成分又含有化学试剂的培养基。

选择培养基 selected medium

根据某种微生物的特殊营养要求或其对某化学、物理因素的特性而设计的培养基，其功能是使混合菌群中的某一种菌成为优势菌群。

鉴别培养基 differential medium

加有抑制剂或指示剂等用于区分不同微生物种类的培养基。

6 灭菌

灭菌 sterilization

应用物理或化学方法杀灭或清除一切微生物的措施。

高压蒸汽灭菌法 high-pressure steam sterilization

利用高压蒸汽进行灭菌的方法。

间歇灭菌法 fractional sterilization

指间歇一定时间，采用常压蒸汽连续多次进行灭菌的方法。

干热灭菌法 dry heat sterilization

利用加热的高温空气进行灭菌的方法。

火焰灭菌法 flame sterilization

通过火焰高温灼烧进行灭菌的方法。

电离辐射灭菌法　ionizing radiation sterilization

利用放射性同位素（如^{60}Co或^{137}Cs）产生的γ射线进行灭菌的方法。

微波灭菌法　microwave sterilization

利用电磁波进行灭菌的方法。

紫外线灭菌法　ultraviolet light sterilization

利用紫外线照射进行灭菌的方法。

过滤除菌法　filtration sterilization

用机械阻留技术（如过滤、吸附）除去介质中微生物的方法。

化学灭菌法　chemical sterilization

利用化学药剂进行灭菌的方法。

7　生产

接种　inoculation

按无菌操作技术要求将目的微生物移接到培养基质中的过程。

接种物　inoculum

种子

微生物工业化生产中，用于开始一个新培养的微生物培养物。

接种量　inoculum dose

接种物的量（体积或质量）与发酵物的量（体积或质量）之比。

培养　cultivation

在适宜条件下，使目的微生物生长繁殖和产生代谢产物的方法和技术。

培养物　culture

经接种和培养之后，在培养基中形成的特定类型微生物的生长物。

纯培养　pure culture

只让一种微生物生长繁殖的培养过程。

种子扩大培养 inoculum enlargement

将生产菌种经过一系列的步骤逐级扩大培养，获得一定数量和质量的培养物的技术和过程。

发酵 fermentation

采用工业化生产方式培养微生物，获得终产物（菌体和代谢产物）的过程。

载体 carrier

用于吸附目的微生物，并且适宜其存活，对人、动植物和环境安全的固体物料。

浓缩 condensation

采用某种技术或方法减少发酵液水分，提高目的微生物的数量和代谢产物含量的过程。

吸附 adsorption

将发酵液与载体混合，使目的微生物附着在载体上的过程。

造粒 granulation

将微生物肥料制成颗粒剂型的过程。

8 质量检验

外观 appearance

样品的外部形态。

含水量 moisture percentage

样品在 105℃烘烤 4h-6h 所失去的质量，以质量百分数计。

细度 particle size

样品通过规定标准试验筛的质量百分数。

有机质含量 content of organic matter

样品中有机物质的量，以质量百分数计。

总养分 total primary nutrient

总氮、有效五氧化二磷和氧化钾含量之和，以质量百分数计。

有效菌 functional microorganism；effective microorganism

样品中的目的微生物群体。

有效［活］菌数　number of functional microorganism

每克或每毫升样品中有效菌的数量。

杂菌　contaminating microorganism

样品中有效菌以外的其它菌。

杂菌数　number of contaminating microorganism

每克或每毫升样品中杂菌的数量。

杂菌率　percentage of contaminating microorganism

样品中杂菌数占有效菌数与杂菌数之和的百分数。

粪大肠菌群　fecal coliforms

一群在44.5℃±0.5℃条件下，能发酵乳糖、产酸产气、需氧或兼性厌氧的革兰氏阴性无芽孢杆菌的总称。

粪大肠菌群数　number of fecal coliforms

每克或每毫升样品中粪大肠菌群的最大可能数（MPN）。

蛔虫卵死亡率　mortality of ascarid egg

样品中死亡蛔虫卵数占总蛔虫卵数的百分数。

重金属含量　content of heavy metal

样品中含有的砷（As）、铅（Pb）、镉（Cd）、铬（Cr）、汞（Hg）化合物的总量。

保质期　shelf-life

在标签标识注明的贮存条件下，保持微生物肥料质量的期限。

微生物肥料效应　microbial fertilizer effect

微生物肥料对作物产量、品质、抗病（虫）害和抗逆能力，以及对土壤肥力的效果。

微生物肥料生物安全通用技术准则
（NY/T 1109—2017）

1 范围

本标准规定了微生物肥料使用菌种安全性分级目录、不同菌种及产品选择毒理学试验的原则、程序、试验方法和结果评价方法。

本标准适用于中华人民共和国境内生产、销售的微生物肥料。

2 规范性引用文件

下列文件中的条款通过本标准的引用而成为本标准的条款。凡是注日期的引用文件，其随后所有的修改单（不包括勘误的内容）或修订版均不适用于本标准，然而，鼓励根据本标准达成协议的各方研究是否可使用这些文件的最新版本。凡是不注日期的引用文件，其最新版本适用于本标准。

GB 15193.3 急性经口毒性试验

3 术语和定义

下列术语和定义适用于本标准。

3.1 急性经口毒性 acute oral toxicity

一次或在 24h 内多次经口给予实验动物受试物后，动物在短期内出现的毒性效应。

3.2 半数致死量 median lethal dose（LD_{50}）

经口一次或 24h 内多次给予受试物后，能够引起动物死亡率为 50%的受试物剂量，该剂量为经过统计得出的计算值。其单位是每千克体重所摄入受试物质的毫克数或克数，即 mg/kg 体重或 g/kg 体重。

4 选择毒理学试验的原则

4.1 生产用菌种

4.1.1 总则

微生物肥料生产用菌种分为四级管理，其安全分级目录见附录A，自主分离获得菌种应经专业权威机构鉴定。未列入附录A中的菌种，除根瘤菌和乳杆菌（*Lactobacillus*）外，其余均需做毒理学试验。所有生产用菌种均需要做溶血试验，植物病原菌不可用作生产菌种。采用生物工程菌，应具有允许大面积释放的生物安全性有关批文。

4.1.2　菌种安全分级

4.1.2.1　第一级（A.1）为免做毒理学试验的菌种。

4.1.2.2　第二级（A.2）为需做急性经口毒性试验的菌种。

4.1.2.3　第三级（A.3）为需做致病性试验的菌种。

4.1.2.4　第四级（A.4）为禁用菌种。

4.2　产品

4.2.1　除有机物料腐熟剂以外的固体微生物接种剂类产品均免做毒理学试验。

4.2.2　复合微生物肥料、生物有机肥和液体剂型微生物接种剂等需做急性毒性试验。

5　毒理学试验程序

5.1　菌种毒理学试验程序

5.1.1　应提供微生物肥料生产用菌种的鉴定资料，包括属及种的拉丁文学名和中文译名、形态、生理生化特性及鉴定依据、功能评价等资料。

5.1.2　根据产品所含菌种的鉴定资料，依据附录A之规定，确定菌种安全级别、是否做毒理学试验及毒理学检测项目。

5.1.3　对于需要做毒理学试验的菌种，生产者需提供试验用纯菌种斜面，经复核确认与该菌种鉴定资料相符且无杂菌污染后，进行毒理学试验。

5.2　产品毒理学程序

需对送检产品进行质量检测和载体物料的真实性确认后，进行毒理学试验。

6 试验方法（略）

7 结果评价

凡毒理学试验结果评价为有毒的产品，不得生产和销售；有毒或致病性试验结果不符合的菌种，均不得作为微生物肥料生产用菌种。

7.1 总则

凡有毒或致病性试验结果不符合的菌种（株），均不得作为微生物肥料生产用菌种；毒理学试验结果评价为有毒的产品，不得生产和销售。

7.2 急性经口毒性试验

描述由中毒表现初步提示的毒作用特征，根据 LD_{50} 值确定受试物的急性毒性分级（见附录 B）。凡 LD_{50} ＞5 000mg/kgBW 的，可通过，即该菌种可作为生产用菌种或该产品可进行生产、销售。

7.3 致病性试验

7.3.1 急性经口毒性试验

结果判定同 7.2。

7.3.2 一次破损皮肤刺激试验

如结果为无刺激或仅具轻度刺激作用，可通过；否则，应放弃使用。

7.3.3 溶血试验

溶血试验结果为阴性的，可通过；否则，应放弃使用。

7.3.4 抗菌药物敏感试验

受试菌株必须对两种以上的抗菌药物敏感；否则，应放弃使用。

7.3.5 急性腹腔注射致病性试验

结果为无急性致病性可通过；否则，应放弃使用。

7.3.6 急性眼刺激试验

结果对眼无刺激性或具有轻刺激性的，可通过；否则，应放弃使用。

附录 A

（规范性附录）

菌种安全分级目录

A.1　第一级：免作毒理学试验的菌种

A.1.1　根瘤菌类

Azorhizobium caulinodans	茎瘤固氮根瘤菌（田菁固氮根瘤菌）
Azorhizobium doebereinerae	德式固氮根瘤菌
Bradyrhizobium betae	甜菜慢生根瘤菌
Bradyrhizobium diazoefficiens	有效慢生根瘤菌（高效固氮慢生根瘤菌）
Bradyrhizobium elkanii	埃氏慢生根瘤菌
Bradyrhizobium japonicum	日本慢生根瘤菌（大豆慢生根瘤菌）
Bradyrhizobium liaoningense	辽宁慢生根瘤菌（慢生大豆根瘤菌）
Bradyrhizobium sp. (*Arachis hypogaea*)	花生根瘤菌
Bradyrhizobium sp. (*Vigna radiata*)	绿豆根瘤菌
Bradyrhizobium yuanmingense	圆明园慢生根瘤菌
Mesorhizobium huakuii	华癸中间根瘤菌
Mesorhizobium loti	百脉根中间根瘤菌
Rhizobium etli	豆根瘤菌（埃特里根瘤菌）
Rhizobium fabae	蚕豆根瘤菌
Rhizobium galegae	山羊豆根瘤菌

Rhizobium leguminosarum	豌豆根瘤菌
Sinorhizobium fredii	弗氏中华根瘤菌（快生大豆根瘤菌）
Sinorhizobium meliloti	苜蓿中华根瘤菌

还包括尚未确定种名的，从一些豆科植物根瘤内分离、纯化、鉴定、回接、筛选后在原宿主植物结瘤、固氮良好的根瘤菌。

A. 1. 2　自生及联合固氮微生物类

Azorhizophilus paspali (*Azotobacter paspali*)	雀稗固氮嗜根菌（雀稗固氮菌）
Azospirillum brasilense	巴西固氮螺菌
Azospirillum lipoferum	具脂固氮螺菌（生脂固氮螺菌）
Azotobacter beijerinckii	拜氏固氮菌
Azotobacter chroococcum	圆褐固氮菌（褐球固氮菌）
Azotobacter vinelandii	瓦恩兰德固氮菌（棕色固氮菌）
Beijerinckia indica	印度拜叶林克氏菌

A. 1. 3　光合细菌类

Blastochloris viridis (*Rhodopseudomonas viridis*)	绿色绿芽菌（绿色红假单胞菌）
Phaeospirillum fulvum (*Rhodospirillum fulvum*)	黄褐棕色螺旋菌（黄褐红螺菌）
Rhodobacter azotoformans	固氮红细菌
Rhodobacter capsulatus (*Rhodopseudomonas capsulata*)	荚膜红细菌（荚膜红假单胞菌）
Rhodobacter sphaeroides (*Rhodopseudomonas sphaeroides*)	类球红细菌（类球红假单胞菌）
Rhodoblastus acidophilus (*Rhodopseudomonas acidophila*)	嗜酸红芽菌（嗜酸红假单胞菌）
Rhodopila globiformis (*Rhodopseudomonas globiformis*)	球形红球形菌（球形红假单胞菌）

Rhodopseudomonas palustris (*Rhodopseudomonas rutila*)	沼泽红假单胞菌（血红红假单胞菌）
Rhodospirillum rubrum	深红红螺菌
Rhodovibrio salinarum (*Rhodospirillum salinarum*)	盐场玫瑰弧菌（盐场红螺菌）
Rhodovulum sulfidophilum (*Rhodobacter sulfidophilus*, *Rhodopseudomonas sulfidophila*)	嗜硫小红卵菌（嗜硫红细菌，嗜硫红假单胞菌）
Rubrivivax gelatinosus (*Rhodocyclus gelatinosus*, *Rhodopseudomonas gelatinosa*)	胶状红长命菌（胶状红环菌，胶状红假单胞菌）

A. 1. 4　促生、分解磷钾化合物细菌类

Acidithiobacillus thiooxidans (*Thiobacillus thiooxidans*)	硫氧化酸硫杆状菌（硫氧化硫杆菌）
Bacillus amyloliquefaciens	解淀粉芽孢杆菌
Bacillus coagulans	凝结芽孢杆菌
Bacillus firmus	坚强芽孢杆菌
Bacillus licheniformis	地衣芽孢杆菌
Bacillus megaterium	巨大芽孢杆菌
Bacillus methylotrophicus	甲基营养型芽孢杆菌
Bacillus mycoides	蕈状芽孢杆菌
Bacillus pumilus	短小芽孢杆菌
Bacillus safensis	沙福芽孢杆菌
Bacillus simplex	简单芽孢杆菌
Bacillus subtilis	枯草芽孢杆菌
Bacillus thuringiensis	苏云金芽孢杆菌
Brevibacillus laterosporus	侧孢短芽孢杆菌

Brevibacillus reuszeri	茹氏短芽孢杆菌
Geobacillus *stearothermophilus*	嗜热嗜脂肪地芽孢杆菌（嗜热脂肪地芽孢杆菌）
Paenibacillus azotofixans (*Paenibacillus durus*)	固氮类芽孢杆菌（坚韧类芽孢杆菌）
Paenibacillus mucilaginosus	胶冻样类芽孢杆菌
Paenibacillus peoriae	皮尔瑞俄类芽孢杆菌
Paenibacillus polymyxa	多粘类芽孢杆菌

A.1.5 乳酸菌类

Lactobacillus acidophilus	嗜酸乳杆菌
Lactobacillus brevis	短乳杆菌
Lactobacillus buchneri	布氏乳杆菌
Lactobacillus casei	干酪乳杆菌
Lactobacillus delbrueckii	德氏乳杆菌
Lactobacillus helveticus	瑞士乳杆菌
Lactobacillus parabuchneri	类布氏乳杆菌
Lactobacillus paracasei	类干酪乳杆菌
Lactobacillus parafarraginis	类谷糠乳杆菌
Lactobacillus plantarum	植物乳杆菌
Lactobacillus rhamnosus	鼠李糖乳杆菌
Lactococcus lactis (*Streptococcus lactis*)	乳酸乳球菌（乳酸链球菌）
Pediococcus pentosaceus	戊糖片球菌
Streptococcus thermophilus	嗜热链球菌

A.1.6 酵母菌类

Candida ethanolica	乙醇假丝酵母
Candida membranifaciens	膜醭假丝酵母
Clavispora lusitaniae	葡萄牙棒孢酵母

Cyberlindnera fabianii (*Pichia fabianii*)	费比恩塞伯林德纳氏酵母（费比恩毕赤酵母）
Cyberlindnera jadinii (*Candida utilis*, *Pichia jadinii*)	杰丁塞伯林德纳氏酵母（产朊假丝酵母，杰丁毕赤酵母）
Issatchenkia orientalis (*Candida krusei*)	东方伊萨酵母
Kazachstania exigua (*Saccharomyces exiguus*)	少孢哈萨克斯坦酵母（少孢酵母）
Kluyveromyces lactis	乳酸克鲁维酵母
Komagataella pastoris (*Pichia pastoris*)	巴斯德驹形氏酵母（巴斯德毕赤酵母）
Meyerozyma guilliermondii (*Candida guillermondii*, *Pichia guilliermondii*)	季也蒙迈耶氏酵母（季也蒙假丝酵母，季也蒙毕赤酵母）
Millerozyma farinosa (*Pichia farinosa*)	粉状米勒氏酵母（粉状毕赤酵母）
Pichia membranifaciens	膜醭毕赤酵母
Rhodotorula mucilaginosa (*Rhodotorula rubra*)	胶红酵母（深红酵母）
Saccharomyces cerevisiae	酿酒酵母
Saccharomycopsis fibuligera (*Endomycopsis fibuligera*)	扣囊复膜孢酵母（扣囊拟内孢霉）
Wickerhamomyces anomalus (*Pichia anomala*)	异常威克汉姆酵母（异常毕赤酵母）
Yarrowia lipolytica (*Candida lipolytica*)	解脂耶罗威亚酵母（解脂假丝酵母）

A.1.7　AM 真菌类

Funneliformis mosseae (*Glomus mosseae*)	摩西管柄囊霉

Rhizophagus intraradices (*Glomus intraradices*)	根内根生囊霉（根内球囊霉）

A.1.8 放线菌类

Frankia sp.	弗兰克氏菌（固氮放线菌）
Streptomyces fradiae	弗氏链霉菌
Streptomyces microflavus	细黄链霉菌

A.2 第二级：需做急性经口毒性（LD_{50}）试验的菌种

Arthrobacter arilaitensis	阿氏团队节杆菌（研究团队节杆菌）
Arthrobacter aurescens	变金黄节杆菌（金黄节杆菌）
Aspergillus candidus	亮白曲霉
Aspergillus chevalieri (*Eurotium chevalieri*)	谢瓦曲霉（谢瓦散囊菌）
Aspergillus japonicus	日本曲霉
Aspergillus niger	黑曲霉
Aspergillus oryzae	米曲霉
Aspergillus penicillioides	帚状曲霉
Aspergillus sydowii	聚多曲霉
Aspergillus wentii	温特曲霉
Bacillus atrophaeus	深褐芽孢杆菌(萎缩芽孢杆菌)
Bacillus circulans	环状芽孢杆菌
Brevundimonas vesicularis (*Pseudomonas vesicularis*)	泡囊短波单胞菌（泡囊假单胞菌）
Chaetomium cochliodes	螺卷毛壳
Chaetomium globosum	球毛壳
Chaetomium trilaterale	三侧毛壳
Clonostachys rosea (*Gliocladium roseum*)	粉红螺旋聚孢霉；粉红枝穗霉（粉红粘帚霉）

Clostridium pasteurianum	巴斯德梭菌（巴氏梭菌）
Dipodascus geotrichum (*Geotrichum candidum*)	地丝双足囊菌（白地霉）
Hydrogenophaga flava	黄色食氢产水嗜菌（黄色嗜氢菌）
Laceyella sacchari	糖莱西氏菌（甘蔗兰希氏菌）
Lysinibacillus sphaericus (*Bacillus sphaericus*)	球形赖氨酸芽孢杆菌（球形芽孢杆菌）
Myceliophthora thermophila (*Sporotrichum thermophie*)	嗜热毁丝霉（嗜热侧孢霉）
Metarhizium anisopliae	金龟子绿僵菌
Paenibacillus macerans	浸麻类芽孢杆菌
Penicillium albicans	白色青霉
Penicillium bilaiae	拜赖青霉（比莱青霉）
Penicillium citreonigrum (*Eupenicillium hirayamae*)	黄暗青霉（平山正青霉）
Penicillium corylophilum	顶青霉
Penicillium expansum	扩展青霉
Penicillium glabrum (*Penicillium frequentans*)	光孢青霉（常现青霉）
Penicillium oxalicum	草酸青霉
Phanerodontia chrysosporium (*Phanerochaete chrysosporium*)	异原黄孢原毛平革菌（黄孢原毛平革菌）
Promicromonospora citrea	柠檬原小单胞菌
Pseudomonas fluorescens	荧光假单胞菌
Pseudomonas putida	恶臭假单胞菌
Pseudomonas stutzeri	施氏假单胞菌
Purpureocillium lilacinum (*Paecilomyces lilacinus*)	淡紫紫孢菌（淡紫拟青霉）
Rhizopus nigricans	黑根霉

Rhizopus oryzae	米根霉
Sphingobacterium multivorum (*Flavobacterium multivorum*)	多食鞘氨醇杆菌（多食黄杆菌）
Streptomyces albidoflavus	微白黄链霉菌
Streptomyces albogriseolus	白浅灰链霉菌
Streptomyces alboniger	白黑链霉菌
Streptomyces albovinaceus	白酒红链霉菌
Streptomyces albus	白色链霉菌
Streptomyces avermitilis	阿维菌素链霉菌(除虫链霉菌)
Streptomyces cellulosae	纤维素链霉菌
Streptomyces corchorusii	黄麻链霉菌
streptomyces globisporus	球孢链霉菌
Streptomyces griseoincarnatus	灰肉色链霉菌（灰肉红链霉菌）
Streptomyces hiroshimensis (*Streptomyces salmonis*)	广岛链霉菌（鲑色链霉菌）
Streptomyces lavendulae	淡紫灰链霉菌
Streptomyces pactum	密旋链霉菌
Streptomyces rochei	娄彻链霉菌
Streptomyces tendae	唐德链霉菌
Streptomyces thermoviolaceus	热紫链霉菌
Streptomyces venezuelae	委内瑞拉链霉菌
Streptomyces vinaceusdrappus	酒红土褐链霉菌
Streptomyces caelestis	天青链霉菌
Stretomyces canus	暗灰链霉菌
Stretomyces costaricanus	哥斯达黎加链霉菌
Trichoderma asperellum	棘孢木霉
Trichoderma atroviride	深绿木霉
Trichoderma ghanense	加纳木霉
Trichoderma harzianum	哈茨木霉

Trichoderma koningii	康宁木霉
Trichoderma longibrachiatum	长枝木霉
Trichoderma pseudokoningii	拟康宁木霉
Trichoderma reesei	里氏木霉
Trichoderma virens	绿木霉
Trichoderma viride	绿色木霉

A.3　第三级：需做致病性试验的菌种

Achromobacter denitrificans (*Alcaligenes denitrificans*)	反硝化无色小杆菌（反硝化产碱菌）
Achromobacter xylosoxidans (*Alcaligenes xylosoxidans*)	木糖氧化无色小杆菌（木糖氧化产碱菌）
Acinetobacter baumannii	鲍氏不动杆菌
Acinetobacter calcoaceticus	乙酸钙不动杆菌
Alcaligenes faecalis	粪产碱菌
Bacillus cereus	蜡样芽孢杆菌
Brevundimonas diminuta (*Pseudomonas diminuta*)	缺陷短波单胞菌（缺陷假单胞菌、微小假单胞菌）
Burkholderia fungorum	真菌伯克霍尔德氏菌
Enterobacter cloacae	阴沟肠杆菌
Enterobacter gergoviae	日勾维肠杆菌
Gordonia amarae (*Nocardia amarae*)	沟戈登氏菌，污泥戈登氏菌（沟诺卡氏菌）
Mucor circinelloides	卷枝毛霉
Nocardia sp.	诺卡氏菌
Nocardiopsis sp.	拟诺卡氏菌
Pantoea agglomerans (*Enterobacter agglomerans*)	成团泛菌（成团肠杆菌）
Pseudomonas alcaligenes	产碱假单胞菌

Rhizobium radiobacter (*Agrobacterium radiobacter*, *Agrobacterium tumefaciens*)	放射杆状根瘤菌（放射形农杆菌，根癌农杆菌）
Proteus sp.	变形菌

A.4 第四级：禁用菌种

Alternaria sp.	链格孢属
Aspergillus flavus	黄曲霉
Aspergillus fumigatus	烟曲霉
Aspergillus nidulans	构巢曲霉
Aspergillus ochraceus	赭曲霉
Aspergillus parasiticus	寄生曲霉
Aspergillus rugulosus	细皱曲霉
Aspergillus versicolor	杂色曲霉
Bacillus anthracis	炭疽芽孢杆菌
Candida parapsilosis	近平滑假丝酵母
Candida tropicalis	热带假丝酵母
Claviceps sp.	麦角菌
Erwinia sp.	欧文氏菌
Fusarium sp.	镰孢菌（镰刀菌）
Klebsiella oxytoca	产酸克雷伯氏菌
Klebsiella pneumoniae	肺炎克雷伯氏菌
Penicillium chrysogenum	产黄青霉
Penicillium citrinum	桔青霉
Penicillium cyclopium	圆弧青霉
penicillium marneffei	马尔尼菲青霉
Penicillium viridicatum	鲜绿青霉
Pseudomonas aeruginosa	铜绿假单胞菌
Pseudomonas marginalis	边缘假单胞菌

Ralstonia solanacearum (*Pseudomonas solanacearum*)	茄科罗尔斯通氏菌（茄科假单胞菌、青枯假单胞菌）
Pseudomonas syringae	丁香假单胞菌

农用微生物菌剂（GB 20287—2006）

1 范围

本标准规定了农用微生物菌剂（即微生物接种剂）的术语和定义、产品分类、要求、试验方法、检验规则、包装、标识、运输和贮存。

本标准适用于农用微生物菌剂类产品。

2 规范性引用文件

下列文件中的条款通过本标准的引用而成为本标准的条款。凡是注日期的引用文件，其随后所有的修改单（不包括勘误的内容）或修订版均不适用于本标准，然而，鼓励根据本标准达成协议的各方研究是否可使用这些文件的最新版本。凡是不注日期的引用文件，其最新版本适用于本标准。

GB 1250　极限数值的表示方法和判定方法
GB 8170　数值修约规则
GB 18877—2002　有机—无机复混肥料
GB/T 19524.1　肥料中粪大肠菌群的测定
GB/T 19524.2　肥料中蛔虫卵死亡率的测定
QB/T 1803—1993　工业酶制剂通用试验方法

3 术语和定义

农用微生物菌剂是指目标微生物（有效菌）经过工业化生产扩繁后加工制成的活菌制剂，它具有直接或间接改良土壤、恢复地力，维持根际微生物区系平衡，降解有毒、有害物质等作用；应用于农业生产，通过其中所含微生物的生命活动，增加植物养分的供应量或促进植物生长、改善农产品品质及农业生态环境。

4 产品分类

产品按剂型可分为液体、粉剂、颗粒型；按内含的微生物种类或功能特性可分为根瘤菌菌剂、固氮菌菌剂、解磷类微生物菌剂、硅酸盐微生物菌剂、光合细菌菌剂、有机物料腐熟剂、促生菌剂、菌根菌剂、生物修复菌剂等。

5　要求

5.1　菌种

生产用的微生物菌种应安全、有效。生产者应提供菌种的分类鉴定报告，包括属及种的学名、形态、生理生化特性及鉴定依据等完整资料。生产者应提供菌种安全性评价资料。采用生物工程菌，应具有允许大面积释放的生物安全性有关批文。

5.2　产品外观（感官）

粉剂产品应松散；颗粒产品应无明显机械杂质、大小均匀、具有吸水性。

5.3　产品技术指标

农用微生物菌剂产品的技术指标见表1，其中有机物料腐熟剂产品的技术指标按表2执行。

表1　农用微生物菌剂产品的技术指标

项目		剂型		
		液体	粉剂	颗粒
有效活菌数（cfu）[a]，亿/g（mL）	≥	2.0	2.0	1.0
霉菌杂菌数，个/g（mL）	≤	3.0×10^6	3.0×10^6	3.0×10^6
杂菌率，%	≤	10.0	20.0	30.0
水分，%	≤	—	35.0	20.0
细度，%	≥	—	80	80
pH值		5.0～8.0	5.5～8.5	5.5～8.5
保质期[b]，月	≥	3	6	

[a]复合菌剂，每一种有效菌的数量不得少于0.01亿/g（mL）；以单一的胶质芽孢杆菌（*Bacillus mucilaginosus*）制成的粉剂产品中有效活菌数不少于1.2亿/g。
[b]此项仅在监督部门或仲裁双方认为有必要时检测。

表 2　有机物料腐熟剂产品的技术指标

项目		剂型		
		液体	粉剂	颗粒
有效活菌数（cfu），亿/g（mL）	≥	1.0	0.50	0.50
纤维素酶活[a]，U/g（mL）	≥	30.0	30.0	30.0
蛋白酶活[b]，U/g（mL）	≥	15.0	15.0	15.0
水分，%	≤	—	35.0	20.0
细度，%	≥	—	70	70
pH 值		5.0～8.5	5.5～8.5	5.5～8.5
保质期[c]，月	≥	3	6	

[a]以农作物秸秆类为腐熟对象测定纤维素酶活。
[b]以畜禽粪便类为腐熟对象测定蛋白酶活。
[c]此项仅在监督部门或仲裁双方认为有必要时检测。

农用微生物菌剂产品中无害化指标见表 3。

表 3　农用微生物菌剂产品的无害化技术指标

参数		标准极限
粪大肠菌群数，个/g（mL）	≤	100
蛔虫卵死亡率，%	≥	95
砷及其化合物（以 As 计），mg/kg	≤	75
镉及其化合物（以 Cd 计），mg/kg	≤	10
铅及其化合物（以 Pb 计），mg/kg	≤	100
铬及其化合物（以 Cr 计），mg/kg	≤	150
汞及其化合物（以 Hg 计），mg/kg	≤	5

试验方法（略）

复合微生物肥料（NY/T 798—2015）

1　范围

本标准规定了复合微生物肥料的术语和定义、要求、试验方法、检验规则、标志、包装运输及贮存。

本标准适用于复合微生物肥料。

2　规范性引用文件

下列文件对于本文件的应用是必不可少的。凡是注日期的引用文件，仅所注日期的版本适用于本文件。凡是不注日期的引用文件，其最新版本（包括所有的修改单）适用于本文件。

GB/T 8170	数值修约规则与极限数值的表示和判定
GB/T 19524.1	肥料中粪大肠菌群的测定
GB/T 19524.2	肥料中蛔虫卵死亡率的测定
HG/T 2843	化肥产品　化学分析常用标准滴定溶液、标准溶液、试剂溶液和指示剂溶液
NY 525	有机肥料
NY 884	生物有机肥
NY/T 1113	微生物肥料术语
NY/T 1978	肥料汞、砷、镉、铅、铬含量的测定
NY/T 2321	微生物肥料产品检验规程

3　术语和定义

NY/T 1113　界定的以及下列术语和定义适用于本文件。

3.1

复合微生物肥料　compound microbial fertilizers

指特定微生物与营养物质复合而成，能提供、保持或改善植物营养，提高农产品产量或改善农产品品质的活体微生物制品。

3.2

总养分 total primary nutrient

总氮、有效五氧化二磷和氧化钾含量之和，以质量分数计。

4 要求

4.1 菌种

使用的微生物菌种应安全、有效。生产者应提供菌种的分类鉴定报告，包括属及种的学名、形态、生理生化特性及鉴定依据等完整资料，以及菌种安全性评价资料。采用生物工程菌，应具有获准允许大面积释放的生物安全性有关批文。

4.2 外观（感官）

均匀的液体或固体。悬浮型液体产品应无大量沉淀，沉淀轻摇后分散均匀；粉状产品应松散；粒状产品应无明显机械杂质、大小均匀。

4.3 技术指标

复合微生物肥料各项技术指标应符合表1的要求。产品剂型分为液体和固体，固体剂型包含粉状和粒状。

表1 复合微生物肥料产品技术指标要求

项目	剂型	
	液体	固体
有效活菌数（cfu）[a]，亿/g（mL）	≥0.50	≥0.20
总养分（$N+P_2O_5+K_2O$）[b]，%	6.0～20.0	8.0～25.0
有机质（以烘干基计），%	—	≥20.0
杂菌率，%	≤15.0	≤30.0
水分，%	—	≤30.0
pH值	5.5～8.5	5.5～8.5
有效期[c]，月	≥3	≥6

（续）

[a]含两种以上有效菌的复合微生物肥料，每一种有效菌的数量不得少于 0.01 亿/g（mL）。

[b]总养分应为规定范围内的某一确定值，其测定值与标明值正负偏差的绝对值不应大于 2.0%；各单一养分值应不少于总养分含量的 15.0%。

[c]此项仅在监督部门或仲裁双方认为有必要时才检测。

4.4　无害化指标

复合微生物肥料产品的无害化指标应符合表 2 的要求。

表 2　复合微生物肥料产品无害化指标要求

项　目	限量指标
粪大肠菌群数，个/g（mL）	≤100
蛔虫卵死亡率，%	≥95
砷（As）（以烘干基计），mg/kg	≤15
镉（Cd）（以烘干基计），mg/kg	≤3
铅（Pb）（以烘干基计），mg/kg	≤50
铬（Cr）（以烘干基计），mg/kg	≤150
汞（Hg）（以烘干基计），mg/kg	≤2

5　试验方法（略）

生物有机肥（NY 884—2012）

1 范围

本标准规定了生物有机肥的要求、检验方法、检验规则、包装、标识、运输和贮存。

本标准适用于生物有机肥。

2 规范性引用文件

下列文件对于本文件的应用是必不可少的。凡是注日期的引用文件，仅注日期的版本适用于本文件。凡是不注日期的引用文件，其最新版本（包括所有的修改单）适用于本文件。

GB/T 8170　数值修约规则与极限数值的表示和判定

GB/T 19524.1　肥料中粪大肠菌群的测定

GB/T 19524.2　肥料中蛔虫卵死亡率的测定

NY 525　有机肥料

NY/T 798　复合微生物肥料

NY 1109　微生物肥料生物安全通用技术准则

NY/T 1978　肥料汞、砷、隔、铅、铬含量的测定

HG/T 2843　化肥产品　化学分析常用标准滴定溶液、试剂溶液和指示剂溶液

3 术语和定义

下列术语和定义适用于本标准。

生物有机肥　microbial organic fertilizers

指特定功能微生物与主要以动植物残体（如畜禽粪便、农作物秸秆等）为来源并经无害化处理、腐熟的有机物料复合而成的一类兼具微生物肥料和有机肥效应的肥料。

4　要求

4.1　菌种

使用的微生物菌种应安全、有效，有明确来源和种名。菌株安全性应符合 NY 1109 的规定。

4.2　外观（感官）

粉剂产品应松散、无恶臭味；颗粒产品应无明显机械杂质、大小均匀、无腐败味。

4.3　技术指标

生物有机肥产品的各项技术指标应符合表 1 的要求，产品剂型包括粉剂和颗粒两种。

表 1　生物有机肥产品技术指标要求

项目		技术指标
有效活菌数（cfu），亿/g	≥	0.20
有机质（以干基计），%	≥	40.0
水分，%	≤	30.0
pH 值		5.5～8.5
粪大肠菌群数，个/g	≤	100
蛔虫卵死亡率，%	≥	95
有效期，月	≥	6

4.4　生物有机肥产品中 5 种重金属限量指标应符合表 2 的要求。

表 2　生物有机肥产品 5 种重金属限量技术要求

单位：mg/kg

项目	限量指标
总砷（As）（以干基计）	≤15
总镉（Cd）（以干基计）	≤3
总铅（Pb）（以干基计）	≤50
总铬（Cr）（以干基计）	≤150
总汞（Hg）（以干基计）	≤2

5 抽样方法

对每批产品进行抽样检验，抽样过程应避免杂菌污染。

5.1 抽样工具

抽样前预先备好无菌塑料袋（瓶）、金属勺、剪刀、抽样器、封样袋、封条等工具。

5.2 抽样方法和数量

在产品库中抽样，采用随机法抽取。

抽样以袋为单位，随机抽取5～10袋。在无菌条件下，从每袋中取样300～500g，然后将所有样品混匀，按四分法分装3份，每份不少于500g。

6 试验方法（略）

农用微生物浓缩制剂（NY/T 3083—2017）

1　范围

本标准规定了农用微生物浓缩制剂的术语和定义、要求、试验方法、检验规则、标志、包装运输及贮存。

本标准适用于农用微生物浓缩制剂产品。

2　规范性引用文件

下列文件对于本文件的应用是必不可少的。凡是注日期的引用文件，仅所注日期的版本适用于本文件。凡是不注日期的引用文件，其最新版本（包括所有的修改单）适用于本文件。

GB/T 8170　数值修约规则与极限数值的表示和判定
GB/T 19524.1　肥料中粪大肠菌群的测定
GB/T 19524.2　肥料中蛔虫卵死亡率的测定
GB 20287　农用微生物菌剂
HG/T 2843　化肥产品　化学分析常用标准滴定溶液、标准溶液、试剂溶液和指示剂溶液
NY 885　农用微生物产品标识要求
NY 1109　微生物肥料生物安全通用技术准则
NY/T 1113　微生物肥料术语
NY/T 1978　肥料 汞、砷、镉、铅、铬含量的测定
NY/T 1847　微生物肥料生产菌株质量评价通用技术要求
NY/T 2321　微生物肥料产品检验规程

3　术语和定义

NY/T 1113 界定的以及下列术语和定义适用于本文件。

3.1　**农用微生物浓缩制剂** Concentrated inoculant of agriculture microorganism

由一种目的微生物（有效菌）经工业化生产扩繁、浓缩加工制

成的高含量活体微生物制品。

3.2 **有效菌** functional microorganism; effective microorganism

样品中的目的微生物群体。

3.3 **有效（活）菌数** viable number of functional microorganism

每克或每毫升样品中有效菌的数量。

3.4 **杂菌** contaminated microorganism

样品中有效菌以外的其他菌。

3.5 **杂菌数** number of contaminated microorganism

每克或每毫升样品中有效菌以外的其他菌的数量。

3.6 **杂菌率** percentage of contaminated microorganism

样品中杂菌数占有效菌数与杂菌数之和的百分数。

4 要求

4.1 菌种

使用的微生物菌种应安全、有效。生产者应提供菌种的分类鉴定报告，包括属及种的学名、形态、生理生化特性及鉴定依据等完整资料，以及依据 NY1109 出具的菌种安全性评价和 NY/T 1847 出具的菌种功能评价资料。采用生物工程菌，应具有获准允许大面积释放的生物安全性有关批文。

4.2 外观（感官）

均匀的液体或固体。液体产品应轻摇后分散均匀；固体产品应松散，无明显机械杂质。

4.3 技术指标

农用微生物浓缩制剂产品各项技术指标应符合表 1 的要求。产品剂型分为液体和固体，固体剂型包含粉状和粒状。

表 1 农用微生物浓缩制剂产品技术指标要求

项目	剂型	
	液体	固体
有效活菌数（cfu），亿/g（mL）	≥200.0	≥200.0

（续）

项目	剂型	
	液体	固体
杂菌率，%	≤ 1.0	≤ 1.0
霉菌杂菌数（cfu），个/g（mL）	≤ 3.0×10^6	≤ 3.0×10^6
水分，%	—	≤ 8.0
pH[a]	4.5～8.5	4.5～8.5
保质期[b]，月	≥6	≥12

[a] 以乳酸菌等嗜酸微生物为菌种生产的产品，其pH值下限为3.0；以嗜盐碱微生物为菌种生产的产品，其pH值上限为10.0。

[b] 此项仅在监督部门或仲裁双方认为有必要时才检测。

5　无害化指标

农用微生物浓缩制剂产品的无害化指标应符合表2的要求。

表2　农用微生物浓缩制剂产品无害化指标要求

项目	限量指标
粪大肠菌群数，个/g（mL）	≤100
蛔虫卵死亡率，%	≥95
砷（As）（以烘干基计），mg/kg	≤15
镉（Cd）（以烘干基计），mg/kg	≤3
铅（Pb）（以烘干基计），mg/kg	≤50
铬（Cr）（以烘干基计），mg/kg	≤150
汞（Hg）（以烘干基计），mg/kg	≤2

6　试验方法（略）

微生物肥料菌种鉴定技术规范（NY/T 1736—2009）

1 范围

本标准规定了微生物肥料使用菌种鉴定程序与方法的选用原则。

本标准适用于微生物肥料科研、教学、质检和生产等领域中的菌种鉴定。

2 规范性引用文件

下列文件中的条款通过本标准的引用而成为本标准的条款。凡是注日期的引用文件，其随后所有的修改单（不包括勘误的内容）或修订版均不适用于本标准，然而，鼓励根据本标准达成协议的各方研究是否可使用这些文件的最新版本。凡是不注日期的引用文件，其最新版本适用于本标准。

NY/T 1113—2006　微生物肥料术语

3 术语和定义

本标准采用下列术语和定义

细菌 bacterium

形体微小，结构简单，通常以二分裂方式进行繁殖的单细胞原核生物，基本形态有球状、杆状、弧状和螺旋状。

放线菌 actinomycete

细胞呈丝状、孢子方式繁殖和高（G+C）mol% 的革兰氏阳性细菌。

酵母菌 yeast

单核的单细胞真菌，以芽殖或裂殖方式行无性生殖，或形成孢子行有性生殖。

丝状真菌 filamentous fungus

菌丝体发达，不产生肉眼可见子实体的真菌。

种 species

由表型特征相似、遗传性状相近的菌株组成，并与其它类群的菌株存在明显差异。

菌株 strain

指属于同一个种，但来源不同的单细胞或纯培养的后代。

见 NY/T 1113—2006 3.2。

纯培养物 pure culture

由单个细胞繁殖而来的培养物。

纯度检测 purity examination

检测菌种是否为纯培养物的过程。

鉴定 identification

根据通用的检索系统，对未知微生物菌株进行性状观察和测定，确定该微生物分类地位的过程。

4　鉴定原则

用于鉴定的菌株应为纯培养物。

依据所鉴定菌株的类群和特性，选择相应的鉴定检索系统和鉴定方法。

鉴定结果应与对应的鉴定检索系统或模式菌株性状进行对比，确定菌株的分类地位。

5　菌种鉴定常规流程图

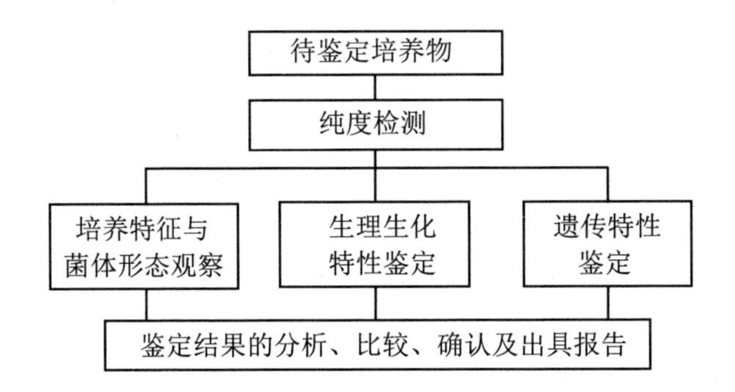

6 鉴定方法

6.1 纯度检测

菌落形态观察

在适宜培养基平板上，将待鉴定培养物划线或稀释涂布，经适宜条件下培养后，选取划线或稀释涂布分离得到的单菌落，观察其在同一平板上的大小、形状、颜色、质地、光泽等。

菌体形态观察

挑取待鉴定细菌培养物，涂布于载玻片上无菌水滴中，进行简单染色或革兰氏染色；酵母菌和丝状真菌制成水浸片。显微镜下观察菌体形态。

纯度确定

菌落和菌体形态一致者，确定培养物符合要求。

6.2 培养特征观察

细菌菌落特征

将待鉴定培养物划线或稀释涂布于营养肉汤培养基（附录A.1）或其它适宜的细菌培养基平板上，适宜条件下培养2d～5d后，观察和记录幼龄和老龄菌落的大小、形状、质地、边缘、隆起、颜色、光泽、透明度等性状。

放线菌培养特征

将待鉴定培养物点植、划线或稀释涂布于适宜的培养基（附录A.3～A.7）平板上，28℃培养5d～15d，观察菌落的大小、形状、表面状况、气生菌丝、基内菌丝的颜色及可溶性色素。

酵母菌培养特征

将待鉴定培养物划线或稀释涂布于麦芽汁琼脂（附录A.9）平板上，25℃～28℃培养3d～7d，观察菌落的大小、形状、质地、隆起、边缘、颜色、光泽等性状。

将待鉴定培养物接种于麦芽汁液体培养基中，25℃～28℃培养3d，观察是否形成醭膜、菌环或岛及沉淀。

丝状真菌培养特征

将待鉴定培养物点植或稀释涂布于PDA培养基（附录A.11）或察氏培养基（附录A.8）平板上，25℃～28℃培养2d～14d，观察菌落质地、颜色、生长速度、色素的产生情况、渗出液、菌落背面的颜色等。

6.3　菌体形态特征观察

细菌形态特征

挑取在适宜培养基上生长的幼龄培养物，涂片、革兰氏染色，显微镜下观察菌体形状、大小、革兰氏染色反应等；观察芽孢的有无、形态和着生位置。

放线菌形态特征

以斜角将灭菌盖玻片插入将要凝固的培养基中，每个培养皿可插4～9片。沿盖玻片与培养基的交接处划线接种放线菌，培养平板正置于28℃培养2d、5d、7d、10d、15d，定期取出盖玻片，显微镜或扫描电子显微镜下观察气生菌丝、基内菌丝、孢子丝的形态，孢子着生方式、颜色或孢囊着生位置（气丝或基丝）、孢囊的形状。

酵母菌形态特征

将待鉴定培养物接种于麦芽汁液体培养基中，25℃～28℃培养3d，挑取一环培养物，制成水浸片，观察细胞大小、形态和无性繁殖方式。在玉米粉琼脂（附录A.10）平板上划线接种2～3条待鉴定培养物，上覆盖玻片，25℃～28℃培养3d～5d，低倍显微镜下观察划线处是否形成假菌丝。在适宜生孢子培养基上观察孢子的形态特征。

丝状真菌形态特征

将待鉴定培养物接种于PDA培养基（附录A.11）或察氏培养基（附录A.8）平板或斜面上，25℃～28℃培养2d～14d，挑取少量培养物制成水浸片，或采用玻片培养法（附录B.1），显微镜下观察菌体形态特征、无性繁殖体和有性繁殖体的形态特征（附录B.2）。

6.4　生理生化特性鉴定

按附录C所列的待鉴定培养物类群，测定对应的生理生化项目。可以利用微生物自动鉴定系统进行鉴定。

6.5 遗传特性鉴定

细菌和放线菌进行 16S rDNA 序列分析；酵母菌进行 26S rDNA 中 D_1/D_2 区域序列分析或 ITS 序列分析或 18S rDNA 序列分析；丝状真菌进行 ITS 序列分析或 18S rDNA 序列分析。序列测定的扩增引物见附录 D。

7 鉴定结果

根据实验结果，对照通用的鉴定系统，确定待鉴定菌株的分类地位。菌种名称采用国际命名规则，使用属名和种加词的拉丁词，并附加中文译名。有异名的应同时标注。

8 鉴定报告

菌种鉴定结果报告应列出送检单位、送检时间、样品编号、名称、数量、鉴定操作人签字、鉴定技术负责人签字、鉴定内容、结果及参考文献等信息。采用微生物自动鉴定系统和（或）序列测定的，还应附上原始数据。

附录（略）。

肥料合理使用准则　微生物肥料
（NY/T 1535—2007）

1　范围

本标准规定了合理使用微生物肥料的基本原则和技术要求。

本标准适用于各类微生物肥料的使用。

2　规范性引用文件

下列文件中的条款通过本标准的引用而成为本标准的条款。凡是注日期的引用文件，其随后所有的修改单（不包括勘误的内容）或修订版均不适用于本标准，然而，鼓励根据本标准达成协议的各方研究是否可使用这些文件的最新版本。凡是不注日期的引用文件，其最新版本适用于本标准。

NY/T 1113　微生物肥料术语

3　术语和定义

NY/T 1113 中确立的以及下列术语和定义适用于本标准。

目的微生物：target microbe

是指产品中含有的具有特定功能的微生物。

4　基本原则

有利于目的微生物生长、繁殖及其功能发挥。

有利于目的微生物与农作物亲和。

有利于目的微生物与土壤环境相适应。

5　通用技术要求

5.1　产品选择

5.1.1　应选择获得农业部登记许可的合格产品。

5.1.2　根据作物种类、土壤条件、气候条件及耕作方式，选择适宜的微生物肥料产品。对于豆科作物，在选择根瘤菌菌剂时，应选择与之共生结瘤固氮的产品。

5.2 产品贮存

产品应贮存在阴凉干燥的场所，避免阳光直射和雨淋。

5.3 产品使用

5.3.1 应根据需要确定微生物肥料的施用时期、次数及数量。

5.3.2 微生物肥料宜配合有机肥施用，也可与适量的化肥配合使用，但应避免化肥对微生物产生不利影响。

5.3.3 应避免在高温或雨天施用。

5.3.4 应避免与过酸、过碱的肥料混合使用，避免与对目的微生物具有杀灭作用的农药同时使用。

6 产品使用要求

6.1 液体菌剂

6.1.1 拌种。将种子与稀释后的菌液混拌均匀，或用稀释后的菌液喷湿种子，待种子阴干后播种。

6.1.2 浸种。将种子浸入稀释后的菌液 4h～12h，捞出阴干，待种子露白时播种。

6.1.3 喷施。将稀释后的菌液均匀喷施在叶片上。

6.1.4 蘸根。幼苗移栽前将根部浸入稀释后的菌液中10min～20min。

6.1.5 灌根。将稀释后的菌液浇灌于农作物根部。

6.2 固体菌剂

6.2.1 拌种。将种子与菌剂充分混匀，使种子表面附着菌剂，阴干后播种。

6.2.2 蘸根。将菌剂稀释后，按 6.1.4 进行操作。

6.2.3 混播。将菌剂与种子混合后播种。

6.2.4 混施。将菌剂与有机肥或细土/细沙混匀后施用。

6.3 有机物料腐熟剂

将菌剂均匀拌入所腐熟物料中，调节物料的水份、碳氮比等，堆置发酵并适时翻堆。

6.4　复合微生物肥料和生物有机肥

6.4.1　基肥。播种前或定植前单独或与其它肥料一起施入。

6.4.2　种肥。将肥料施于种子附近，或与种子混播。对于复合微生物肥料，应避免与种子直接接触。

6.4.3　追肥。在作物生长发育期间采用条/沟施、灌根、喷施等方式补充施用。

微生物肥料田间试验技术规程及肥效评价指南（NY/T 1536—2007）

1 范围

本标准规定了微生物肥料田间试验的方案设计、试验实施、数据分析、效果评价和试验报告撰写。

本标准适用于中华人民共和国境内生产、销售和使用的微生物肥料田间试验效果的综合评价。

2 规范性引用文件

下列文件中的条款通过本标准的引用而成为本标准的条款。凡是注日期的引用文件，其随后所有的修改单（不包括勘误的内容）或修订版均不适用于本标准，然而，鼓励根据本标准达成协议的各方研究是否可使用这些文件的最新版本。凡是不注日期的引用文件，其最新版本适用于本标准。

NY/T 1113—2006　微生物肥料术语
NY/T 497—2002　肥料效应鉴定田间试验技术规程
NY/T 1114—2006　微生物肥料实验用培养基技术条件
GB/T 5009.157—2003　食品中有机酸的测定
GB/T14487—93　茶叶感官评审术语
GB/T 8305—2002　茶　水浸出物测定
GB/T 8312—2002　茶　咖啡碱测定
GB/T 8313—2002　茶　茶多酚测定
GB/T 8314—2002　茶　游离氨基酸总量测定

3 术语和定义

NY/T 1113—2006、NY/T 497—2002 确立的以及下列术语和定义适用于本标准。为了方便，下面重复列出了 NY/T 1113—2006、NY/T 497—2002 中的一些术语。

微生物肥料 microbial fertilizer

含有特定微生物活体的制品，应用于农业生产，通过其中所含微生物的生命活动，增加植物养分的供应量或促进植物生长，提高产量，改善农产品品质及农业生态环境。微生物肥料包含微生物菌剂（接种剂）、复合微生物肥料和生物有机肥。

微生物菌剂 microbial inoculant

微生物接种剂

一种或一种以上的目的微生物经工业化生产增殖后直接使用，或经浓缩或经载体吸附而制成的活菌制品。

复合微生物肥料 compound microbial fertilizer

目的微生物经工业化生产增殖后与营养物质复合而成的活菌制品。

生物有机肥 microbial organic fertilizer

目的微生物经工业化生产增殖后与主要以动植物残体（如畜禽粪便、农作物秸秆等）为来源并经无害化处理的有机物料复合而成的活菌制品。

常规施肥 regular fertilizing

亦称习惯施肥，指当地前三年的平均施肥量（主要指氮、磷、钾肥）、施肥品种和施肥方法。

空白对照 control

指无肥处理，用于确定肥料效应的绝对值，评价土壤自然生产力和计算肥料利用率等。

基质 substrate

指不含目的微生物或目的微生物被灭活的物料。

4 田间试验

4.1 试验设计

不同类型微生物肥料（有机物料腐熟剂除外）的田间效果试验设计应当符合表1要求。

表 3　微生物肥料田间试验设计及要求

项目	产品种类	
	微生物菌剂类产品[1]	复合微生物肥料和生物有机肥
处理设计	1. 供试肥料＋常规施肥 2. 基质＋常规施肥 3. 常规施肥 4. 空白对照	1. 供试肥料＋减量施肥[2] 2. 基质＋减量施肥[2] 3. 常规施肥 4. 空白对照
试验面积	1. 旱地作物（小麦、谷子等密植作物除外）小区面积 $30m^2$； 2. 水田作物、小麦、谷子等密植旱地作物小区面积 $20m^2$； 3. 设施农业种植作物小区面积 $15m^2$，并在一个大棚内安排整个区组试验； 4. 多年生果树每小区不少于 4 株，要求土壤地力差异小的地块和树龄相同、株形和产量相对一致的成年果树。	
重复次数	不少于 3 次	
区组配置及小区排列	小区采用长方形，随机排列。	
施用方法	按样品标注的使用说明或试验委托方提供的试验方案执行。	
试验点数或试验年限	一般作物试验不少于 2 季或不少于 2 种不同地区，果树类不少于 2 年。	

注 1：根瘤菌菌剂产品可设减少氮肥用量的处理。
注 2：减量施肥是根据产品特性要求，适当减少常规施肥用量。

4.2　试验准备

试验地选择

试验地的选择应具有代表性，地势平坦，土壤肥力均匀，前茬作物一致，浇排水条件良好。试验地应避开道路、堆肥场所、水沟、水塘、溢流、高大建筑物及树木遮阴等特殊地块。

试验地处理

a）整地、设置保护行、试验地区划；（小区、重复间尽量保持一致）

b）小区单灌单排，避免串灌串排；

c）测定土壤的有机质、全氮、速效磷、速效钾、pH；

d）微生物种类和含量、土壤物理性状指标等其它项目根据试验要求测定。

供试肥料准备

按试验设计准备所需的试验肥料样品，供试肥料经检验合格后方可使用。

供试基质准备

将供试的微生物肥料样品，经一定剂量^{60}Co照射或微波灭菌后，随机取样进行无菌检验（见附录A），确认样品达到灭菌要求后，留存该样品做基质试验。

试验作物品种选择

应选择当地主栽作物品种或推广品种。

4.3　试验实施

按4.1执行，并做好田间管理、记录、分析和计产等工作。

田间管理及试验记录

各项处理的管理措施应一致，并进行试验记录。

a）供试作物名称、品种；

b）注明试验地点、试验时间、方法设计、小区面积、小区排列、重复次数（采用图标的形式）；

c）试验地地形、土壤质地、土壤类型、前茬作物种类；

d）施肥时间、方法、数量及次数等；

e）试验期间的降水量及灌水量；

f）病虫害防治情况及其它农事活动等；

g）作物的生长状况田间调查，包括出苗率、移苗成活率、长势、生育期及病虫发生情况等。

4.4　收获和计产

a）先收保护行；

b）每个小区单收、单打、单计产；

c）分次收获的作物，应分次收获、计产，最后累加；

d）室内考种样本应按试验要求采样，并系好标签，记录小区号、处理名称、取样日期、采样人等。

4.5　作物品质、土壤肥力和抗逆性等记录

根据试验要求，记录供试肥料对农产品品质、土壤肥力及抗逆

性等效应。

5　效果评价

5.1　产量效果评价

5.1.1　试验结果的统计分析按 NY/T 497—2002 附录 B 执行。

5.1.2　进行供试微生物肥料处理与其它各处理间的产量差异分析。

5.1.3　增产差异显著水平的试验点数达到总数的 2/3 以上者，判定该产品有增产效果。

5.2　品质效果评价

5.2.1　评价指标

5.2.1.1　外观指标包括外形、色泽、口感、香气、单果重/千粒重、大小、耐储运性能等；

5.2.1.2　内在品质指标：

a）粮食作物测定淀粉及蛋白质含量；

b）叶菜类作物测定硝酸盐含量、维生素含量；

c）根（茎）类作物测定淀粉、蛋白质、氨基酸、维生素等含量；

d）瓜果类作物主要以糖分、维生素、氨基酸等；

e）具体作物品质指标及测试方法参见附录 B。

5.2.2　效果评价

根据农产品的种类选择相应的标准进行评价。

5.3　抗逆性效果评价

抗逆性包括抑制病虫害发生（病情指数记录）、抗倒伏、抗旱、抗寒及克服连作障碍等方面。抗逆性指标比对照应提高 20%以上的效果。

5.4　土壤改良效果评价

若经过同一地块两季以上的肥料施用，可测定土壤中的微生物种群与数量、有机质、速效养分、pH、土壤容重（团粒结构）等。

5.5　安全指标评价

对试验作物或土壤进行农药残留、重金属等有毒有害物质含量的测定，以评价试验样品对其是否具有降解和转化功能。

6　试验报告

6.1　试验来源和目的

6.2　试验材料与方法

——试验时间和地点

——供试土壤分析

——供试肥料

——供试作物

——试验设计和方法

6.3　试验结果与分析

——不同处理对作物产量及产值的影响

——不同处理对作物生物学性状的影响

——品质效果评价

——抗逆性效果评价

——土壤改良效果评价

6.4　试验结论

6.5　试验执行单位及主持人

附录 A

（规范性附录）

基质无菌检验方法

1 取样

从基质样品中随机取样。

2 样品检验

培养基制备

分别配制 NY/T 1114—2006 中 A1、A9、A11、A13 四种培养基。

3 菌悬液的制备

称取样品 10g（精确到 0.01g），加入带玻璃珠的 100 mL 的无菌水中，静置 20min，在旋转式摇床上 200r/min 充分振荡 30min，制成菌悬液。

4 加样及培养

在预先制备好的四种固体培养基平板上分别加入 0.1mL 菌悬液，并用无菌玻璃刮刀将菌悬液均匀地涂于培养基平板表面，重复 3 次，于适宜温度条件下培养 2d～7d。以无菌水作空白对照。

5 灭菌效果鉴定

空白对照无菌落出现，而其它培养平板上菌落总数≤5 个，则该样品可用作基质试验。反之，须重新灭菌。空白对照有菌落出现，须重做无菌检验。

附录 B

（资料性附录）

部分作物品质评价指标参考

表 B.1　作物品质的评价指标

作物名称	品质指标	测试方法
芹菜	纤维素	重量法
油菜、黄瓜、圆白菜、白菜	维生素 C	2，6 二靛酚容量法
辣椒	辣椒素	分光光度法
茄子	可溶性固形物	手持糖量剂法
萝卜、西瓜	水溶性糖	便携式折光糖度计
花生、大豆	粗蛋白质	凯氏定氮法
棉花	纤维长度	自动光电长度仪法
	纤维成熟度	偏光仪法
马铃薯	支链淀粉	碘—淀粉复合物测定法
水稻、小麦	粗蛋白质	凯氏定氮法
	支链淀粉	铜还原—直接滴定法
玉米、红薯	支链淀粉	铜还原—直接滴定法
柑橘、苹果等瓜果类	水溶性糖	便携式折光糖度计
	有机酸	GB/T 5009.157—2003　食品中有机酸的测定
	维生素 C	2，6 二靛酚容量法
	可溶性固形物	手持糖量剂法

（续）

作物名称	品质指标	测试方法
人参	人参皂甙	—
番茄	水溶性糖	便携式折光糖度计
	可溶性固形物	手持糖量剂法
	有机酸	GB/T 5009.157—2003　食品中有机酸的测定
	维生素 C	2，6 二靛酚容量法
烟叶	落黄时间、一级、二级、三级烟叶的比率。	—
茶叶	外观、汤色、香气、滋味	GB/T14487—93　茶叶感官评审术语
	水浸出物	GB/T 8305—2002　茶　水浸出物测定
	咖啡碱	GB/T 8312—2002　茶　咖啡碱测定
	茶多酚	GB/T 8313—2002　茶　茶多酚测定
	游离氨基酸总量	GB/T 8314—2002　茶　游离氨基酸总量测定
甘蔗	可溶性糖	便携式折光糖度计
苦荞	黄酮	乙醇提取，分光光度计法

微生物肥料生产菌株质量评价通用技术要求
（NY/T 1847—2010）

1 范围

本标准规定了微生物肥料生产菌株的术语和定义、质量要求、试验方法和评价规则。

本标准适用于微生物肥料生产中使用的菌株。

2 规范性引用文件

下列文件对于本文件的应用是必不可少的。凡是注日期的引用文件，仅注日期的版本适用于本文件。凡是不注日期的引用文件，其最新版本（包括所有的修改单）适用于本文件。

NY 882	硅酸盐细菌菌种
NY 1109	微生物肥料生物安全通用技术准则
NY/T 1113—2006	微生物肥料术语
NY 1117	水溶肥料钙、镁、硫含量的测定
NY/T 1536—2007	微生物肥料田间试验技术规程及肥效评价指南
NY/T 1735	根瘤菌生产菌株质量评价技术规范

3 术语和定义

NY/T 1113—2006、NY/T 1536—2007 界定的以及下列术语和定义适用于本文件。为了便于使用，以下重复列出了 NY/T 1113—2006、NY/T 1536—2007 中的某些术语和定义。

微生物肥料 microbial fertilizer

含有特定微生物活体的制品，应用于农业生产，通过其中所含微生物的生命活动，增加植物养分的供应量或促进植物生长，提高产量，改善农产品品质及农业生态环境。

[NY/T1113—2006，定义 2.1]

微生物肥料生产菌株 strain for microbial fertilizer production

从自然界分离筛选或经人工诱变，具备微生物肥料功能，并可用于生产的菌株。以下将其简称为“菌株”。

基质 substrate

指不含目的微生物或目的微生物被灭活的物料。

[NY/T 1536—2007，定义 3.7]

4 质量要求

基本要求

——菌株通过安全性评价，符合 NY 1109 中的规定。

——菌株细胞、菌落形态一致，无杂菌污染，生长繁殖力强；生长所需的碳源、氮源等原料易获得。

——菌株遗传性状稳定，其功能和发酵性能可长期保持，存活能力强。

5 菌株功能要求

5.1 提供或活化养分功能

溶解无机磷能力

在含有难溶性无机磷培养液中，接种菌株与未接种相比，可溶性磷的含量增加 70mg/L 以上。

分解有机磷能力

在含有难溶性有机磷培养液中，接种菌株与未接种相比，可溶性磷的含量增加 5mg/L 以上。

固氮能力

共生固氮菌

具有共生固氮作用的菌株质量应符合 NY/T 1735 的规定。

自生固氮菌和联合固氮菌

在盆栽试验中，接种菌株与未接种处理相比，植株总含氮量增加量达到 t 检验的显著水平。

解钾能力

具有解钾作用的菌株质量应符合 NY 882 的规定。

溶解中量元素能力

在含有难溶性钙、镁或硫元素的培养液中，接种菌株与未接种相比，相应的可溶性元素增加量分别达到 t 检验的显著水平。

5.2　产生促进作物生长活性物质能力

在适宜培养条件下，菌株产生的具有促进作物生长功能的活性物质总量应在 5mg/L 以上。其中包括赤霉素、吲哚乙酸、细胞分裂素等。

5.3　促进有机物料腐熟功能

产纤维素酶能力

在适宜的培养条件下，菌株产生纤维素酶的活力在 70μ/mL（g）以上。

产木聚糖酶能力

在适宜的培养条件下，菌株产生木聚糖酶的活力在 700μ/mL（g）以上。

产蛋白酶能力

在适宜的培养条件下，菌株产生蛋白酶的活力在 100μ/mL（g）以上。

5.4　提高作物品质功能

接种菌株与基质处理相比，提高作物品质效应差异达到统计检验显著水平。

提高作物抗逆性能力

接种菌株与基质处理相比，能够减轻作物病虫害发生（病情指数），或提高作物抗倒伏、抗旱、抗寒、克服作物连作障碍等方面的能力，t 检验达到显著水平。

5.5　改良和修复土壤功能

改良土壤功能

接种菌株与基质处理相比，能够改善土壤容重、团粒结构、养分供给，以及土壤中的微生物种群结构与数量等，t 检验达到显著水平。

修复土壤功能

接种菌株与基质处理相比，能够减少试验作物或土壤中的残留农药、重金属等有毒有害物质的含量，t 检验达到显著水平。

6 试验方法（略）

7 评价规则

菌株符合 4.1 要求，并符合 4.2 要求中的任一项，评定其达到生产菌株的要求，可作为微生物肥料生产菌株。

秸秆腐熟菌剂腐解效果评价技术规程
（NY/T 2722—2015）

1　范围

本标准规定了秸秆腐熟菌剂在田间条件下的腐解效果评价技术要求。

本标准适用于采用失重率法和抗拉强度法在田间条件下对秸秆腐熟菌剂的腐解效果评价。失重率法适用于所有秸秆的腐解效果评价，抗拉强度法仅适用于水稻、小麦等秸秆的腐解效果评价。

2　规范性引用文件

下列文件对于本文件的应用是必不可少的。凡是注日期的引用文件，仅所注日期的版本适用于本文件。凡是不注日期的引用文件，其最新版本（包括所有的修改单）适用于本文件。

GB/T 8170 数值修约规则与极限数值的表示和判定

NY/T 497 肥料效应鉴定田间试验技术规程

3　术语和定义

3.1　秸秆腐熟菌剂 straw-decomposing inoculant

能加速秸秆降解腐烂的一类微生物接种剂。

3.2　秸秆腐解度 straw decomposition degree

用于表征秸秆降解腐烂程度的指标。

4　秸秆腐解度的测定

4.1　失重率法

4.1.1　原理

在田间适宜条件下，经过秸秆腐熟菌剂中微生物等的综合作用，秸秆中的有机物被逐步分解，其质量亦随之减小，通过测定和计算秸秆质量下降比例可表征其腐解程度。

4.1.2 仪器及设备

4.1.2.1 电子天平：感量为0.01 g。

4.1.2.2 尼龙网袋：规格25 cm×35 cm，孔径φ1.0 mm。

4.1.2.3 鼓风干燥箱：温度可控制（85±2)℃。

4.1.3 试验设计

秸秆腐熟菌剂的田间腐解效果评价试验设计应当符合表1的要求。

表1 试验设计及要求

项 目	要 求
处理设计	处理1，秸秆腐熟菌剂[a]； 处理2，空白对照[b]。
小区面积	不小于10 m^2。
施用量	根据供试秸秆腐熟菌剂使用说明中单位面积推荐用量计算。

[a] 按供试秸秆腐熟菌剂使用说明的要求调节C/N比。

[b] 除不加秸秆腐熟菌剂外，其他同处理1操作。

4.1.4 试验地要求

选择的试验地地势平坦，土壤肥力均匀，浇排水条件良好。小区单灌单排，避免串灌串排。

4.1.5 试验实施

4.1.5.1 供试秸秆准备

随机选取粗细相近、完整无损的同一品种作物秸秆，去掉叶片，裁成3cm～5cm的秸秆段，将其置于85℃鼓风干燥箱中烘干至少12h，取出。

4.1.5.2 秸秆称量

将烘干的供试秸秆称量（精确到0.01g)，其质量记作N_0，装入网袋后编号。每袋秸秆质量应不低于10.0g且体积不超过网袋容量1/4。每处理按此要求称取20袋秸秆样品，各袋间的秸秆质量极差不超过0.5g。

4.1.5.3 秸秆腐熟菌剂施用

称取处理1所用的供试秸秆腐熟菌剂，用水稀释50倍后浸润处理 1 中秸秆，剩余悬液均匀撒施于处理 1 小区地表。处理 2 中的秸秆用等量的水浸润。

4.1.5.4 秸秆样品田间放置

将同一处理的 20 袋秸秆样品分成 5 组，每组 4 袋用细绳拴在一起。将 5 组样品按五点梅花型均匀埋置于小区，均匀散开袋中秸秆，旱地试验中，秸秆埋入深度为 5cm～15cm，保持土壤湿度维持在田间持水量的 60%～80%；水田试验中，秸秆埋入深度为 2cm～10cm，应保持田间正常水位，并注意防止水位过高以产生漫灌。按样品使用说明调节 C/N 比，试验中的施肥及其他田间管理同当地常规生产要求。

4.1.5.5 秸秆样品采集

根据秸秆的腐解情况，在适宜的时间进行取样。取样时间可选择在试验的第 5 d、10 d、20 d 或 40 d。每次取样时，从同一处理的各组中随机取出秸秆样品 1 袋，每处理共计 5 袋。

4.1.5.6 秸秆样品烘干

将 4.1.5.5 取得的样品用自来水冲洗干净，置鼓风干燥箱于 85 ℃下烘干至少 12h，称量，其质量记作 N_x。

4.1.6 结果计算

秸秆失重率以 W_x 计，数值以%表示，按式（1）分别计算每袋样品的秸秆失重率。

$$W_x = 100\,(N_0 - N_x)\,/N_0 \quad \cdots\cdots\cdots\cdots\cdots\cdots (1)$$

式中：

N_0——腐解前秸秆干重，单位为克（g）；

N_x——某腐解时间秸秆干重，单位为克（g）。

取 5 次测定结果的算术平均值为测定结果，结果保留到小数点后二位，数字修约与数据处理应符合 GB/T 8170 的规定。

4.2 抗拉强度法

4.2.1 原理

水稻和小麦等秸秆在田间适宜条件下，经过秸秆腐熟菌剂中微生物等的综合作用，其组织结构持续被破坏，秸秆的抗拉强度逐渐减小，通过测定秸秆断裂拉力值并计算其下降比率，可表征秸秆的腐解程度。

4.2.2 仪器及设备

4.2.2.1 数字显示拉力计：最小精度 0.1N，测试范围 0N～300N。

4.2.2.2 尼龙网袋：规格 25cm×35cm，孔径 φ1.0mm。

4.2.2.3 虎头钳。

4.2.3 试验设计

同 4.1.3。

4.2.4 试验地要求

同 4.1.4。

4.2.5 试验实施

4.2.5.1 供试秸秆准备

随机选取粗细相近、完整无损的同一品种作物秸秆，去掉两端。小麦秸秆选取节间部分，裁成 15cm 的秸秆段；水稻秸秆取其中下部，裁成 15cm 的秸秆段。从中选取较均匀一致的秸秆段待用，并取 100 根秸秆段用于秸秆初始（第 0d）断裂拉力值的测定。

4.2.5.2 秸秆段装袋

按每处理准备 20 袋秸秆样品，每袋 20 根装入尼龙网袋，扎紧袋口。

4.2.5.3 秸秆腐熟菌剂施用

同 4.1.5.3。

4.2.5.4 秸秆样品田间放置

同 4.1.5.4。

4.2.5.5 秸秆样品采集

根据秸秆的腐解情况，在适宜的时间进行取样。取样时间可选择在试验的第 5 d、10 d、20 d 或 40 d。每次取样时，从同一处理的各组中随机取出秸秆样品 1 袋，每处理共计 5 袋，用于后续测定。

4.2.6 秸秆断裂拉力值的测定

将待测秸秆样品用自来水冲洗干净，水中浸泡 4 h～5 h。拉力计读数设置为峰值模式下，将单根秸秆段对折，用拉力计钩住对折处，另一端用虎头钳夹紧，向外拉直至秸秆断裂，记录每根秸秆断拉力值，计算每袋 20 根秸秆的算术平均值，记为 $\overline{N}_x$。用同样的方法测定 4.2.5.1 留取秸秆的初始断裂拉力值，计算其算术平均值，记为 $\overline{N}_0$。

4.2.7　结果计算

某处理某腐解时间某袋的秸秆断裂拉力下降比率以质量分数 C_x 计，数值以%表示，按式（2）计算：

$$C_x = 100(\overline{N_0} - \overline{N_x}) / \overline{N_0} \quad \cdots\cdots\cdots\cdots\cdots\cdots (2)$$

式中：

$\overline{N_0}$——秸秆的初始（第 0 天）断裂拉力平均值，单位为牛顿（N）；

$\overline{N_x}$——某处理某腐解时间算术平均值，单位为牛顿（N）。

某处理某腐解时间的腐解度以其 5 袋 C_x 的算术平均值计，结果保留到小数点后二位，数字修约与数据处理应符合 GB/T 8170 的规定。

5　秸秆腐熟菌剂腐解效果判定

在腐解进程中某一时间，处理 1 的秸秆腐解度高于处理 2 的秸秆腐解度，且差异达到显著性水平，则判定产品具有促进秸秆腐解效果。差异显著性检验参见 NY/T　497—2002 附录 B 执行。

图书在版编目（CIP）数据

微生物肥料生产应用技术百问百答/李俊等著．—北京：中国农业出版社，2019.6（2022.9重印）
ISBN 978-7-109-25507-4

Ⅰ.①微…　Ⅱ.①李…　Ⅲ.①细菌肥料—问题解答　Ⅳ.①TQ446-44

中国版本图书馆CIP数据核字（2019）第088872号

中国农业出版社出版
（北京市朝阳区麦子店街18号楼）
（邮政编码 100125）
责任编辑　王琦瑢　贺志清

中农印务有限公司印刷　新华书店北京发行所发行
2019年6月第1版　2022年9月北京第3次印刷

开本：880mm×1230mm 1/32　印张：6.25
字数：162千字
定价：68.00元